U0079485

不是教女壞

小資女職場36忌

Office Survival Guide for Women

廖唯真——著

編輯序——小資女職場成功教戰書

每個女人在進入職場前，都要先問自己幾個問題：我為什麼要工作？我工作要達到怎樣的目標？我該如何達到設定的目標？

第一個問題很好回答：「工作是為了賺錢、謀生。」

第二個問題的答案因人而異。隨遇而安的女人、雄心勃勃的女人、家庭型的女人、事業型的女人……不同的女人給出的答案必然不同，但追根究底，也無非是升職和加薪。

至於第三個問題，恐怕就沒有標準答案了。所謂條條大路通羅馬，通往職場成功的方式也各式各樣。有的女人會選擇埋頭苦幹，等待老闆賞識；有的女人擅長巧言善辯，讓自己顯得精明；有的女人選擇攀高枝，用桃色交易來換取金錢和升遷；有的女人頻繁跳槽，想在不斷的選擇中找到理想的工作……

女人選擇的混職場方式，跟她們的個性、資質、才能、價值觀、家庭條件、社會經驗等因素有關，我們不能武斷地說哪種方式就一定不好、哪種方式必然會成功。但是，對於每種工作方式的優勢與劣勢，職場女性們都非常清楚嗎？在職場中，某些言行、習慣將導致的後果，職場女性們都能預見得

到嗎？對於職場中存在的種種禁忌，職場女性們都瞭解嗎？

世面上有很多的書，教職場女性們如何「潛伏」在職場中，如何將兵法三十六計運用到職場，似乎職場是個黑暗無比的地方，妳不學會「陰險」、「狡詐」就無法生存。其實，職場固然不是童話王國，但也絕對沒有那麼黑暗。真正的職場，是讓身心健康的女人施展才能的平臺。職場女性們只要知道在這個平臺上，有哪些禁區不能踏進，在禁區之外，就可以自由的揮灑才幹了。在職場，如果每句話都斟酌、每個舉動都務求得當、每件事都小心再小心地去做，成天縮手縮腳，想著是否合乎兵法，那豈不是要累死人？

這本專為職場女性寫的書，就是將職場的各個禁區劃分出來，將隱形的禁忌列舉出來，讓讀者做到心中有數，防患於未然。在這個基礎上，這本書還為每一種禁忌提供了解決的好方法，教讀者如何以聰明的技巧去應對，進而保護自己、提升自己。書中列舉了許多生動的真實案例，將失敗者的教訓、成功者的經驗，都呈現給讀者，希望職場女性們能從這些案例中得到啟示。

雖然本書不是譁眾取寵的辦公室「兵法」，也不是教妳學壞使詐的職場「厚黑學」，但無論妳是職場新人、窮忙族還是老前輩，相信都能在這本書中找出困擾妳的因素。希望讀者朋友讀過此書後，都能有所收穫，以聰明的方式順利升職、追到「薪」。

作者序——聰明應對職場浮沉

做為一名女性，如果僅僅是外表漂亮，大家充其量只會說：「這是一個長得漂亮的女人。」如果只是很會操持家庭，大家也只會說：「這是一個賢惠的女人。」但如果一個女人能在職場中馳騁一片天地，那麼相信大家都會豎起大拇指說：「這是一個了不起的女人！」

在這個對人要求十分高的社會中，好女人的標準已經不再只是長得漂亮，更不再是舊社會奉行的「女子無才便是德」。一個成功的女人，必須擁有自己的快意職場人生。從妳踏入職場的那一刻起，就註定了妳要告別平庸的自己，成就自己的輝煌人生。我們所提倡的職場女性是儀態萬千、談吐優雅、會說話會辦事、外貌與氣質並重、美麗與智慧集於一身的新女性形象。

然而，職場並沒有想像中那麼簡單，也絕非如家庭般溫情，而可以說是一個名副其實的競技場。從工作起步到站穩腳跟，再到優秀，是一個女人蛻變成長的過程，同時也是一個不斷自我發展、自我超越、自我修練的過程。在整個過程中，女人需要披荊斬棘，靠自己的努力克服一切困難。而當這一切都留在身後時，妳也會發現自己收穫的沉甸甸的「寶物」，絕對不是僅用金錢可以衡量的。

但同時，女人也要謹記，職場也是一個小江湖，充滿了詭譎波折。混跡職場的妳，時時處處都有可能遭受到「暗傷」：有可能是來自別人的明槍暗箭，也可能只是自己的疏忽所致。妳不能改變大的環境，妳不能阻止別人，妳唯一能做的就是改變自己：或許是磨平自己的稜角去適應職場環境，或許是提升自己去應對職場浮沉……

在職場中打拼，女人一定要多個心眼，時刻懷有保護自己的意識。職場凶險，有很多地方是妳需要謹慎對待的，有很多「禁忌」是妳必須遠離的。比如：老闆的溫柔陷阱，最好遠離危險的辦公室戀情，不做老闆的情人；要懂得藏鋒顯拙，不要成為「功高震主」被「擊斃」的那個人……如此等等，避開了這些職場的「地雷區」，妳才能避免被炸得粉身碎骨，也才能在升遷的路上走得更遠。

此書從職場禁忌入手，意在從反面給即將步入職場或者在職場中鬱鬱不得志的妳一劑清醒的良藥，讓妳看清前方的路，讓妳對職場的明槍暗箭有更清楚的認識，進而果斷地避開危險。當然，最重要的是希望從本書中的建議，讓妳找到職場生存的智慧，做一個快樂自信的職場達人。

目錄

第1忌
不懂包裝 留下難堪的第一印象

外貌是女人的資本，生活中是，社交中是，職場中更是。即使妳是天生的美女，如果不修邊幅或者蓬頭垢面，那麼對不起，妳的職場生涯很快就會結束。

外貌真的那麼重要嗎？答案絕對是肯定的。對於女人來說，職場競爭不僅僅是比智慧、比能力，還要比氣質、風度和形象。在能力相當的情況下，誰在機會面前「曝光率」高，誰成功的可能性就會更大。因此，對於「面子」上的事，女人千萬不可忽略。

形象是職場女性一生的資本

身處職場，能力的培養確實很重要，但也不能忽略形象的塑造。形象上的優勢有助於提升職場魅力。妳如果忽略這一點，妳的才華與能力也有可能被別人忽略。

馬琳今年剛滿三十歲，在一家貿易公司工作。遺憾的是，她進公司已經好幾年了，卻一直沒有升職。馬琳的工作能力很強，跟同事相處得也十分融洽，但她有一個缺點，就是從來不注重自己的形象——不僅不化妝，有時甚至頭髮都不好好梳。雖然大家表面上對她很親熱，但是在背後都用不敢恭維的眼神打量她。

馬琳始終不明白，自己的工作能力一直得到老闆和同事的肯定，但同一時期來的同事都升職了，爲什麼自己還原地不動呢？

苦惱之下，她到人事主管那裡傾訴。人事主管委婉地指出了馬琳的「失誤」。原來，馬琳不修邊幅的形象，讓所有人都認爲她缺乏起碼的職場禮儀，既不把同事放在眼裡，對公司也不尊重。更嚴重的是，即使她能力勝任，由於擔心她的形象會給客户造成誤會，認爲這是一家不注重形象、不敬業、不專業的公司，因此，老闆一直不考慮讓她升到和客户直接接觸的位置。如此一來，馬琳的工作狀態就是「儘管無過，卻沒有功」，就算有升遷的機會，又怎麼會輪得到她呢？

馬琳聽後臉一陣紅一陣白，原來自己這麼多年的努力，都毀在糟糕的形象上了。

有一些女性認爲：過於注重外表，會給公司留下「只愛美、沒能力」的印象。於是，她們錯誤地將自己的形象弄得很鄉土，彷彿這樣就能證明自己是有實力的。其實，要想在職場上有所成就，只有能力是遠遠不夠的。邋遢的形象會讓人失掉注意妳、發現妳的興趣，如果因此失掉展現妳能力的機會，妳還會如此「自信」嗎？所以，不要讓糟糕的形象成爲升職加薪路上的障礙。不論何時，妳都要記住：形象是妳一生的資本。

端莊得體比濃妝豔抹更適合職場

與上面事例中的馬琳相反的是，很多女性過於看重「面子效應」，一去面試或者上班，就將自己打扮得異常惹眼。結果可想而知，正常的公司都會將妳拒之門外或者打一紙「勸退書」。原因很簡單，對於面試的女孩子來說，如果先給公司留下「花瓶」、「沒有實力」的印象，那麼就沒有人願意給妳機會；對於已經進入公司的女孩子來說，這種打扮會刮起辦公室的「花瓶」風，不但會惹得上司不高興，還容易引發辦公室「暗鬥」。

另外，從心理學角度剖析一下，聰明的女孩子應該想到：打扮得花枝招展去面試，若是女面試官，絕大多數不會錄用妳。道理很簡單，無論多麼強大或優秀的女人，對同性總還是有一點敵意的。而如果面試官是男性，那麼多半結局也是「拜拜」。這就更容易理解了：那麼多衣著得體、穿戴合宜的女孩子不要，單單留下一隻彩雀，誰會相信他是在短短的面試時間裡看到了她的能力？

因此，聰明的女孩就要學會揣摩公司、同事和面試官的心理，爭取將所有的因素都趨向於對自己有利的狀態。無論妳是去上班還是去面試，切忌不可蓬頭垢面，更加不可濃妝豔抹。在某種程度上，後者比前者的負面作用更大。

打造知性美女的幾個小方法

每個女孩都應該有這樣的共識：上學時可以素面朝天，做家務時可以不修邊幅，逛街時可以簡單舒適，但只要踏進公司的大門，就一定要讓自己的形象呈現恰到好處的狀態。塑造好的形象，就是爲自己樹立金字招牌，能夠提升妳的魅力及影響力，幫妳在風高浪險的職場中從容地經營自己、成就自己。職場女性塑造出得體的形象，不僅是爲了自己的面子，也是爲了妳所在公司的整體形象，更是爲了以後從容地笑傲職場。假如妳沒有天生麗質的幸運，那也不必氣餒，因爲妳可以把自己打造成知性美女，用魅力去打動別人。上天是公平的，當他爲妳關上天生麗質的門時，就會爲妳打開魅力四射的窗。

那麼，初出校門或者不善打扮的女孩子，應該怎樣將自己包裝成「職場麗人」呢？就從以下幾個方面入手吧——

A・**髮型**。最先進入他人視線的通常是髮型，若想第一眼就給人留下幹練明快的印象，那麼在髮型上就一定要追求整齊和清爽。市面上流行的那些趕時髦或過於花俏的髮型，妳最好還是忍痛割愛，不必試著去嘗試。

B・**淡妝**。妝容能夠顯示女性的精神面貌與修養。職場女性之所以要化妝，是爲了讓自己的面容給人以靚麗精緻的感覺，優雅的淡妝能恰到好處地襯托出女性的肌膚和神韻之美。身處職場，濃妝豔抹最要不得，那只會給人一種俗豔的印象，甚至有戴著假面具的滑稽感。選擇適合自己的眼影，一款水潤透亮的唇彩或唇蜜，就足以發揮作用。

C・**服裝**。服裝能夠顯示女性的身分與品味。最適合職場女性的莫過於素雅簡潔的套裝，既有職業的端莊感，剪裁上又能顯出女性的曲線美。當然，由於每個人的喜好不同，有些女性可能會嫌套裝過於老成、沉悶，而偏好鮮亮的顏色和活潑的款式，這不是不可以，但要

切忌把自己裝扮成「聖誕樹」，那只會醜化形象，降低品味。

俗話說：只有懶女人，沒有醜女人。與其抱怨上天沒有給妳好的外貌，倒不如用點頭腦、花點時間、放點精力，去好好設計，把自己的內在魅力挖掘出來。當然，首先要做到的就是拋開「人不可貌相」、「美麗無用」論等錯誤的想法。

小資女職場小心眼

注重形象不會讓自己的實力「減分」，要知道，好馬也要配好鞍，才能讓人相信牠有價值。所以，職場女性永遠不能忽視形象。花點時間和精力，讓自己既能變身知性美女，又能成為職場達人，一舉兩得，有什麼不好呢？

第2忌

矯揉造作
把自己當成「林黛玉」

寄身賈府的林黛玉，才貌出眾、風流婉轉，是很多男生喜歡的類型，也是很多女孩子競相模仿的對象。那麼，職場中的「林妹妹」是否也那般受歡迎呢？有這樣一句話：「人在職場，惘有黛玉之才，但求鳳姐之道！」什麼是職場「林黛玉」？就是指職場中那些自嘆懷才不遇的人。這些人也許有高人一等的學歷，也許有光彩照人的來歷，對公司、對上司、對同事有著近乎苛刻的要求，但是最後卻鬱鬱不得志，以致整日自卑、自嘆、自憐。檢視一下妳自己，是否還在怨天尤人？是否還整日活在悲嘆中？如果是，那就趕快清醒過來吧！給自己力量，擺脫職場「林妹妹」的形象，做一個玩轉職場的「強女人」。

職場不歡迎「林妹妹」

賈府中的林妹妹雖然才貌雙全、氣質脫俗，深得賈寶玉喜愛，但就林妹妹的個性來說，不僅過於嬌滴滴，而且爲人太過敏感，眼裡容不下一粒沙。這種個性的人，在大觀園中尚有存活的空間，但如果出現在職場中，將是一件令人難受的事情。然而，在職場總不乏這樣的人：他們滿腹才華卻懷才不遇，自卑使得他們敏感得幾近病態；他們感嘆世事無常，指責世態炎涼；他們自命清高，不屑於經營人際關係。於是，儘管他們有過人的才華，卻得不到別人的認同，到頭來落得個顧影自憐、孤芳自賞的結局。

阿穎畢業於某頂尖國立大學，才華橫溢、能力出眾，也有著一般小女生所沒有的雄心壯志。進入公司之後，阿穎以自己的學歷爲榮，總覺得跟其他同事共事是對自己才華的浪費。她慣於向上司提出要求，比如給自己一間單獨的辦公室、提高待遇，在職位上和那些私立大學畢業的同事區分開……上司當然不會同意她的這些要求，因爲實在太沒有道理。而一旦上司否決了她的請求，她就覺得上司是故意跟自己過不去。她看不慣同事的某些做法，仗著自己能言善道，對別人說話時喜歡綿裡藏針，要把別人譏諷到難堪才滿意；但她又擔心被別人捉住把柄，做事畏首畏尾；看到同事聊天，就懷疑是不是在說自己的壞話；看到上司找人談話，就擔心是不是在密謀什麼……就這樣，阿穎整天都活在猜疑與敏感中。她不能與同事和睦相處，因爲同事都對她的「小心眼」避而遠之；

她得不到升職的機會，因為把心思都用在了猜度別人上，用於工作上的自然就減少了很多。時間一久，阿穎不可避免地患上了「職場抑鬱症」，不得已，只能辭職回家養病。

幾乎在所有的公司中，都有阿穎這類麻煩人物。別人怎麼做都是在跟她過不去，似乎她是世界的中心。過於愛猜疑的個性是無法在集體環境中生存的，也無法與人正常交往。妳的身邊是不是也有這樣的「林妹妹」？又或者，妳是不是正扮演著「林妹妹」的角色？也許妳眞的才華橫溢，只是機會還沒有到。妳應該在等待機會的過程中充實自己，而不是心病糾結、利言如刃、多疑善妒。「小心眼」得不到跟同事友好相處的機會；自卑、自私、自憐的心態也只會把機會錯過。長此以往，妳只能跟「林妹妹」一樣以悲劇收場，更別提理想與抱負了。

「強女人」比「林妹妹」更快樂

「林妹妹」是一種接近病態的個性，在職場中無法生存，而這種人本身也不會太快樂。《紅樓夢》中的林黛玉，見到花兒凋謝都要哭著埋掉，還寫首《葬花吟》。跟這樣的人相處是很辛苦的。因此，現代女性要杜絕做「林妹妹」，尤其是在職場中。不如做一個快樂的職場「強女人」。何謂「強女人」？強女人就是不需要年薪上百萬，但一定要有穩定且能養活自己的工作和收入；不需要把幸福全押在男人身上，但一定會知道怎樣才可以過得更幸福；不需要有強勢的氣焰，但一定有強

勢的心態。可以爲自己做主，有選擇的能力，能夠選擇想要的人生，這就是現代社會推崇的強女人。

蕭楊就是典型的職場「強女人」。她就職於一家外商公司，擔任公關部經理，是一個很有才華和能力的人，也是這家公司的元老之一。

她有聰明的頭腦，策劃出許多經典方案；她的收入沒有達到上層水準，但能讓她生活無虞；她不是公司的最高決策人，但所有人在做決定前都會先問一下她的意見。當下屬有問題來找她時，她不一定每次都能提出解決辦法，但是她從容的態度能給下屬解決問題的勇氣。同事、朋友都說她是一個「女強人」，每次聽到，她都會笑著糾正：「不，我不是女強人，我是強女人。」

「強女人」無論在生活還是工作上，都會顯現出積極、快樂的一面。她們每天都精神抖擻，有

用不完的精力，絕不會像林妹妹般無病呻吟。「強女人」又與「女強人」不同：「女強人」的強勢讓別人感覺壓抑；「強女人」儘管也強勢，但僅限於心態，而不是姿態。身處職場的女性，一定要力爭成爲「強女人」。只有如此，妳才能獨立、自信，成就屬於自己的職場精彩。

當然，「林妹妹」也有自己的優點，比如出眾的才華。擁有像林黛玉般的才華當然好，但切忌擁有像她一樣的心性。身處職場的妳，要讓自己像薛寶釵和王熙鳳，既有才能，又懂得變通。不妄圖改變環境來適應自己，而是改變自己去適應環境。

如果想做一個玩轉職場、快樂工作的女人，首先要對自己有正確的評估。把自己的條件擺出來，諸如學歷、工作能力、工作經驗、曾經取得的業績和成就等，總有一項會是妳的優勢集中點，也總有一項會打擊妳的信心。沒關係，多跟同事溝通，聽聽他們的意見，也許他們能幫妳做一個正確的評估。

其次是給自己一個自信的形象。不論是著裝還是姿態，都不能表現得不自信。身穿一套幹練的服裝，走路抬起頭來，不論對誰都報以微笑，並熱情地打招呼，勇敢而準確地提出自己的意見。建立自信的形象，擺脫唯唯諾諾、自卑自憐的姿態，上司會更喜歡妳，同事也會對妳刮目相看。

職場中有各式各樣的女生，那些每天忙忙碌碌、快快樂樂，有用不完的精力，和同事的關係都比較好的人，就是職場「強女人」；而那些整日默不作聲，一說話就話裡有話、總喜歡偷聽別人講話、沒事就哀聲抱怨的人，基本上可以叫做職場「林妹妹」。

但凡混過幾年職場的人都知道，像「林妹妹」這樣的女生，自卑、多疑、善妒、小心眼、不會經營人際關係，必定會在職場上多摔幾跤，甚至爬不起來。職場需要的是獨立、自信的女性，而不是矯揉造作、愛使小性子的人。身處職場的妳，應該走出自信的步伐，克服自卑、自憐的心理，不做職場「林妹妹」，而是成爲職場「強女人」。

小資女職場小心眼

在職場中打拼，切忌跟「林妹妹」一樣矯揉造作、自卑自嘆；走出自信的步伐，學習薛寶釵的八面玲瓏，才能得到上司、同事、下屬的歡迎，才能成就美好的職場前途。

第3忌
用心太雜　過於重視外表

在職場中，女人常犯的一個毛病是，在辦公桌上擺放太多與工作無關、卻與「臭美」有關的東西，讓人覺得非常不合適。俗話說：愛美之心人皆有之，尤其是女人。長相的漂亮與否，對於身處職場的女人來說，有著至關重要的作用。職場美女更容易讓別人的目光「來電」，進而贏得生存機遇的優先權，但是如果空有一副姣好的表相，而沒有任何實際能力，那麼即使得到了機遇，也不見得能抓住。所以，千萬不要得意於美麗的外表。「金玉其外，敗絮其中」的人身處職場，肯定不會有什麼好的發展的。

妳是不是化妝品擺滿桌的女人？

辦公室是工作的地方，擺放的東西應該和工作有關，如公文、資料等。然而，很多女性剛開始還比較留意這點，時間一長，就把各種「臭美」小工具帶了進來，小鏡子、化妝品，擺得琳琅滿目，放眼望去，像個雜貨攤子，看起來很沒有職業素養。

妳的身邊有沒有「孔雀女」在辦公室綻放？也許妳會問，什麼是「孔雀女」？「孔雀女」是都市物質女孩的代名詞，她們緊追時尚，絕不錯過任何能彰顯自己品味和物質條件的機會。步入職場後，她們身邊的所有人，包括上司，都有可能成爲她們比較的對象。還有一些女孩子，爲了裝扮得出眾，不惜借錢扮靚，還要四處撒謊逞強，最後弄得身心疲憊。

葉蕙所在的公司就不乏這種「孔雀女」，例如前段時間剛進公司的悠然。上班第一天，她就有司機接送。在進辦公室的一剎那，葉蕙和同事明顯注意到悠然眼裡的高傲。經過仔細打量，大家發現：她的包是LV的，衣服和鞋是Valentino，脖子上還戴著一條Tiffany的項鍊。之後的每一天，悠然都很招搖地穿梭在辦公室。據愛八卦的同事說，悠然的爸爸是一家公司的大老闆。

可是，只有葉蕙知道眞實情況。因爲有一次，葉蕙挨了老闆的批評，心情不好，在樓道拐角處「面壁思過」，遇到了來樓梯間打電話的悠然。看悠然一副不想讓人知道的樣子，葉蕙也很識趣地躲在拐角沒出來，結果就聽到了悠然的祕密。原來她的父母只是普通的職員，她不想進公司被人瞧

不起，就四處找朋友借錢，購置了那一套昂貴的「行頭」。現在朋友頻頻催促她還錢呢！等悠然走了之後，葉蕙從拐角出來，心裡感嘆：何必呢？一身名牌堆砌出來的虛假尊貴，到頭來苦的只是自己。

太注重外表，在職場中本來就不可取，悠然卻還以裝有錢人的方式來滿足虛榮心，就更加沒有必要。其實，在職場中，女生稍加注意外型即可，沒有必要打扮得花枝招展，更沒有必要扮演有錢人。在職場中，老闆看重的是能力，而不是妳外表打扮得多漂亮、家底多豐厚。

職場女性不要有「花瓶」意識

很多女生認爲，只要夠漂亮，到哪裡都有優勢。如果擁有美麗的容貌就能更順利地走向成功，那麼上班時盡量將自己打扮得迷人就好，無論職場上硝煙多麼瀰漫，競爭多麼激烈，那些男上司、男同事、男客戶都會對美女另眼相看，甚至給予諸多照顧，闖蕩職場多簡單容易呀？

不可否認，天生麗質的女生確實有優勢，但容顏的美麗不是一生不變的資本。如果妳拿美貌當作馳騁職場的資本，那麼當容顏不再時，妳將沒有任何可以依靠的條件。

因此，不能只把美麗當資本，要懂得填充內容，讓自己變得充實。那麼，即使有一天容顏老去，妳也有生存下去的本領。

馮丹是個相貌中等偏上的女孩，加上很會裝扮，所以從小便被人以「美女」相稱。上學時，馮丹漂亮的優勢就顯現了出來，不僅總有男同學圍在身邊幫她做事情，就連在公共場所也時常有男士禮讓。馮丹從小就很享受這一切，十分感謝上蒼給了自己一個美麗的外貌。

工作後，馮丹一如既往，想利用這個優勢爲自己開闢一條坦途。剛進公司時，她的美貌的確吸引了男同事和上司的關注，無論做什麼事，總有男同事主動相助，甚至做錯了事，上司也會寬容她。但慢慢地，馮丹發現自己的優勢在逐漸轉爲劣勢。原因是，很多女同事對她充滿敵意。有幾次，馮丹在洗手間聽她們說自己「出賣色相」來換取男人的幫助。言語不堪入耳，讓馮丹幾乎崩潰。更嚴重的是，馮丹發現，男上司對她越寬容，女上司則越嚴苛，甚至到了雞蛋裡挑骨頭的地步。馮丹覺得在公司無法再待下去了，只好另謀他就。

美貌固然會征服男人，但也會引起女人的嫉妒。女人的嫉妒心一旦發作是十分可怕的，尤其是女上司，她會利用手中的職權爲難妳。所以，聰明的女人不要將心思都花在打扮上，更不要有用美貌贏得幫助的心理。如果妳是個漂亮的女人，而恰巧有女上司，那麼就一定要注意，千萬別露出拿美貌當優勢的姿態。一旦引起女上司的嫉妒，妳的好日子就到盡頭了。

天生麗質的職場女性要記住，絕對不能安於現狀。在工作中，要向前輩學習工作以及處事技巧，爲自己織一張固若金湯的人際關係網；工作之餘，抓住一切機會提高內在修養，爭取讓自己做到表裡如一。不論何時，妳都要不斷提升自己，這樣才能讓那些對「花瓶」有敵意的人真正認識

妳，讓妳擁有持久的競爭力。

美女不如知性女

職場中，人再漂亮也不如工作做得漂亮。老闆看重的最終還是利益，即使再漂亮，如果不能帶來效益，那麼對於老闆來說也是沒價值的。所以，要想在職場中站穩腳跟、有所發展，就要不斷提高工作能力、提升自我，千萬不要把精力過多的放在「臭美」上。

如何提升自我？多看書是一個最簡單、最實用的選擇。

林悅被朋友們笑稱爲「跳蚤」，就是因爲她總在頻繁地換工作。不論哪份工作，只要遇到不開心的事情，她就會產生換工作的想法，並立即付諸行動。林悅也知道這種做法不妥，曾多次告誡自己，「這是最後一次了」；但每次遇到不順利的事情，還是控制不住自己。

直到一個偶然的機會，林悅讀到一本美國演講家的書，在書中，林悅瞭解到自己在工作中存在的問題，並按書中的建議去改變。慢慢地，林悅開始熱情、積極地工作了。她在目前就職的公司安定下來，開始了愉快的職場生涯。

一本書有可能改變一個人的命運。也許，在浩如煙海的書籍中，恰好就有一本是適合妳的——教妳如何走出內心的困境、教妳如何解決工作中的難題、教妳如何變得更優秀……這對於妳來說，不是一種莫大的幸運嗎？漂亮的衣服會變形，美麗的容貌會老去，只有獲得的知識才永遠不會貶值，那是妳受用一生的財富。

形象固然重要，但外貌並不是唯一的競爭力。「孔雀女」只是一時風光，不會成爲永久的資本。如果妳把美貌當作資本，把自己打造成一個「花瓶」，那麼，終有一天，妳會失去競爭的資本，在職場摔倒後再也站不起來。

小資女職場小心眼

聰明女人混跡職場，不會只以美貌為資本，而是會不斷地學習，不斷地提升工作能力和內在素養。讓自己更有能力和實力，才能在職場中闖出一片天地。

第4忌 天真青澀 不懂職場如戰場

金庸武俠小說《笑傲江湖》中，任我行說過這樣一句話：「有人的地方就有恩怨，有恩怨的地方就有江湖。」把這句話借用過來，可以改為：「有人的地方就有職場，有職場的地方就有爭鬥。」身處職場，就不可避免地會介入「爭鬥」。如果妳還像個孩子，天真地以為可以超脫於刀光劍影之外，那麼妳就只有被犧牲、被淘汰的下場。如果妳不想成為墊腳石或犧牲品，那麼就要加快成長的速度，向老闆、上司和同事學習，在努力中壯大自己的實力。

職場是一個看不見硝煙的戰場

剛走出校園時，我們曾天眞地以爲職場並無太大不同，依然是一群人聚在一起，只不過要做的事情從學習變成了工作。但不久之後，大多數人就知道不是那麼回事了。身處職場，妳見到過這樣的現象嗎？同樣的一批「士兵」，有的人在種種經歷之後成了「將軍」，有的人永遠停留在散兵游勇的狀態，並自我感覺良好；有的人渾渾噩噩，成爲了別人的「鋪路石」還不自知，有的人苦盡甘來，在發展中實現了自己的價値……每個人都在迷茫中掙扎，在掙扎中思索，在思索中前行。人人都渴望自己能成爲職場中最後、最大的贏家，希望能在證明自我價値的同時，得到最高的「價格」。在這種渴望與希望中，每個人除了努力工作，還免不了要透過明爭暗鬥，盡全力爲自己掃平前行路上的障礙。

沒錯，職場就是一個看不見硝煙的戰場，甚至比眞槍實彈的戰場更可怕。在職場中，人人都將眞實的自我隱藏起來，表面上笑靨如花，笑容背後卻隱藏著武器和殺機。每個人都會爲了自己的職場利益，而選擇毫不留情地「幹掉」別人。如果不想被別人「幹掉」，妳就必須拿起「武器」保衛自己。連童話故事都會告訴我們，天眞的小白兔只有被大灰狼吃掉這個結局。妳呢？還要讓天眞毀掉自己嗎？職場如戰場，妳必須明白這一點，才有可能贏得戰爭的勝利。

公司沒有家長會，只有勸退函

上過學的人都知道，學校每年會舉行家長會。在會上，老師會苦口婆心地匯報每個學生的學習情況。對於學習成績比較差的學生，會耐心地分析原因，尋找解決辦法。但在職場中就不會有這樣的機會了。學校之所以會那樣做，在於教育中有「義務」的倫理，所以有責任爲學生的學習成績負責。何況，學生也是一個變相的「消費者」，是在拿錢買教育。而職場則完全相反，員工從老闆那裡拿工資，就要對老闆負責，讓老闆滿意。怎樣能讓他滿意呢？自然是創造高業績，給他帶來豐厚的利潤。一旦妳業績差勁，那麼對不起，老闆會就請妳離開。這就是殘酷的社會與學校的區別。

那麼，如何讓自己進步、贏得老闆的喜歡呢？我們先來看看妳是不是還在經歷這樣的事情：在公司裡，資歷不如妳、業績不如妳的同事紛紛升職、加薪，而妳卻得不到應有的報酬；妳謙虛待人、謹慎做事、固守原則，卻被誤以爲是老實可欺；妳只顧埋頭努力工作，卻在某一天發現，妳竟然被同事出賣，無端承受老闆的責罵……

這種事如果接二連三地發生，妳還會以爲是偶然嗎？如果不想讓自己一直受暗傷，那麼就要努力加速成長，好有足夠的實力站在頂端，讓別人不敢再小看妳、踩低妳——這難道不比發牢騷和抱怨更好、更有力嗎？

小文畢業後進了一家公司做經理助理，工作也比較努力。但她進公司已經三年了，卻還是在經理特助的位置上止步不前。小文的工作能力有目共睹，升任主管似乎理所當然。每當要好的同事告訴小文，她應該去向經理爭取升職時，小文總是笑而不語。她總是天眞地以爲，經理看得到自己的實力，不給自己升職是因爲還要進行更深層次地考察。等到經理認爲自己能勝任主管一職時，他自然而然就會爲自己升職了。可是，有一天，經理卻告訴小文，她的同事小冉將擔任新的行政主管——小冉才進公司不到一年，小文這時才驚覺以前的自己太過天眞。

小文找到經理，詢問自己得不到升職的原因，明明自己一直很努力工作。經理告訴小文：「妳的能力我清楚，妳的爲人我也明白，我知道妳也能夠坐穩主管的位子。但是有一點，從妳進公司到現在，妳在努力工作是沒錯，可是我看不到妳的進步——這是我一直在期待的。妳完全可以有更優秀的表現，可以比現在做得更好，可是妳讓我失望了。」

身處職場，如果不努力地提升自己，那麼總有一天，妳會被公司放棄。上司、老闆會毫不留情請妳離開，把機會留給其他人。所以，如果妳不想被淘汰掉，就要利用一切機會、資源充實自己，加快成長步伐。擁有足夠資本的人，才能在職場笑到最後。

把職場「土著」當作自己的老師

剛畢業的年輕人難免會帶著一些學生思維步入職場，這可以理解。但是，職場新人要快速從學生角色中轉變過來。職場如戰場，並不是大家和平相處的校園。當今社會，人才濟濟，競爭激烈，要想不被社會淘汰、不被職場競爭擊敗，妳必須要注意提升自己的價值和競爭力。提升自己、充實自己，利用工作之餘的學習固然是一個不錯的途徑，但是要想更快地成長，還應該懂得尋找捷徑。

初進職場，有不懂的事情很正常，但是千萬不能再像聽課一樣，有不會的地方也不主動去問老師。職場中人，最要具備的品質就是謙虛好學。對於新進職場的人來說，向那些職場「土著（老員工）」學習，是幫助自己盡快成長的捷徑之一。不論是大事小事，不論是他們對工作中疑難問題的解決方法，還是他們處理複雜人際關係之道，都是妳應該學習和借鑑的。

聰明的女生懂得借力使力，站在別人的肩膀上，好讓自己看得更遠。那些職場老前輩，大多已摸索出一條恰當的職場路，沿著他們鋪好的路走，能讓自己少走冤枉路，也能少面對路上的艱難坎坷，盡快到達理想中的目的地。

職場新人一定要改掉學生思維中不懂變通的習慣。職場人士都十分圓滑，女生走進職場，就要快速轉換角色，讓自己變得「世故」一些。這裡的「世故」並非要滑頭，而是讓處事方式變得靈活一些。比如，向那些職場「土著」學習，並不是要妳機械地把別人的經驗搬來用，而是妳要時刻掌握主動，主動地「摘取」而非被動地複製。把別人成功的並且適合自己的經驗拿來用，對於別人失敗的或是不適合自己的經驗，要善於篩選，從中總結教訓，以免日後也遭遇失敗。

職場如戰場，要想在這個戰場獲勝，就必須有眞本事。偷奸耍滑或許能得意一時，但最終的勝利只屬於那些有眞才實學、踏實工作並不斷進步的人。

小資女職場小心眼

職場如戰場，硝煙彌漫，一不小心就有可能被別人「暗傷」。所以，如果不想成為別人的「刀下亡魂」，就要努力加強對自己的訓練，練就一身本領，從別人那裡「偷師學藝」，讓自己盡快成長，才能最終笑傲職場。

第5忌 愛哭鬼 用眼淚賺同情

身處職場，難免遇到種種不順，甚至是種種挫折：無緣無故被老闆批評，總是在重複繁瑣而無意義的工作內容，升職加薪總是輪不到自己……有些委屈真的讓人很想哭。男人可以頂住壓力，畢竟男兒有淚不輕彈；可是做為女性，在面對工作中的麻煩和挫折時，就會克制不住地掉下眼淚，妄圖以此來博取老闆和同事的同情。

眼淚有時候可以獲取同情，但絕不能成為面對壓力和挫折的「擋箭牌」。掉眼淚的次數過多、頻率過繁，有可能達到反效果：老闆和同事會覺得，妳除了會掉眼淚沒別的本事。妳不僅得不到同情和憐憫，反而讓人覺得厭煩。那麼，在工作中，我們究竟應該如何去做呢？

學著不以脆弱那面示人

在工作中，遇到不順利的事，是每個人都無法避免的；做爲女員工，也難免會有情緒低落的時候，這些都可能會讓妳哭泣。但是在哭泣過後，妳是否想過後果？眼淚是否能帶來妳想要的結果呢？做爲職場人，妳的眼淚在上司、同事、下屬、客戶面前，給妳帶來的是什麼呢？

在上司看來，眼淚只能說明妳既無法勝任工作，又不會管理自己的情緒；不但辦事能力不足，還經不起批評。在同事的眼中，眼淚只會讓他們覺得妳是在博取同情，故作嬌弱，令人反感。在下屬面前哭泣，是對妳領導權威的削弱，不利於今後的管理。在客戶面前哭泣，不僅是對自己專業形象的毀壞，更會令客戶質疑公司的專業水準。

趙璿是一位職場新人。不久前，她把剛剛做出的提案交給了上司，而趙璿的同事琳達卻認爲她抄襲。趙璿走出上司辦公室的時候，聽到琳達在身後說：「一個剛來的新人，會有什麼創意啊？我看就是抄的，還裝模作樣，眞當是自己做的了。」趙璿聽到後，覺得十分委屈，眼淚就忍不住掉了下來。她心想：職場是個什麼鬼地方嘛！人怎麼會這樣思考、這樣講話呢？正在傷心，一個和她同時進入公司的女孩走過來，悄悄說：「別在這裡掉眼淚。」趙璿心領神會，連忙擦乾了臉上的淚水。

在職場中顯示脆弱是愚蠢的行爲。如果妳總在辦公場合哭哭啼啼，會讓上司和同事對妳處理問

題的能力產生懷疑，進而影響妳的職業生涯。因此，即使妳有萬般的委屈，也不要輕易在辦公室裡表現出來，更不能動不動就掉眼淚。要知道，在職場中打拼，需要的是能力和信心，還有能夠擔當大任的魄力。喜歡掉眼淚的人，是無法給人類似印象的。

職場不相信眼淚

很多時候，職場女性掉眼淚，多半是覺得自己「吃力不討好」，受了委屈。但她們沒有意識到，在職場中，辛苦雖然重要，但更重要的是最終的結果。在結果不盡如人意的情況下，如果還要掉眼淚，那麼不但不值得同情，還會令自己處於危險的境地。

胡楠是廣告公司的一名創意組長，她做事比較用心，成績也十分顯眼，但就是有一個缺點——愛哭。上司對胡楠的愛哭也有所耳聞，曾多次暗示她改掉這個毛病，胡楠卻沒有放在心上。終於有一天，她爲她的愛哭付出了代價。

一個月前，公司的大客戶指名要胡楠爲他們下一季的廣告提案。胡楠十分興奮，這證明了客戶對自己工作能力的認可，她立即投入到了緊張的工作中。一個月後，到了提交創意的日子，胡楠神情激昂的講解著她的創意文案，可是客戶卻流露出不滿意的神情，令胡楠越講越心虛。等她全部講完後，客戶終於開口說：「很抱歉，妳完全沒有抓住我們公司產品的特點，我很遺憾！」剎那間，胡楠如五雷轟頂，眼淚頓時如江河絕堤般湧了出來。客戶驚詫地瞪圓了雙眼，總監連忙在一邊打圓場。

回到公司後，總監十分嚴厲地對胡楠說：「將個人情緒帶入職場，是十分不專業的表現，更何況還是在客戶面前。我對妳今天的表現很失望！妳去財務室結帳吧！」

胡楠就這樣，因爲自己的眼淚，丟掉了工作。

職場是靠實力說話的地方，在這裡，做出業績才是硬道理。只有工作業績才能證明妳的能力，體現妳的價值。在職場遇到問題，靠眼淚是解決不了的，眼淚只能證明妳的懦弱和不專業。一時的發洩固然會得到情緒上的緩解，可是相對於眼淚帶來的負面效應，孰輕孰重，想必不用說妳也很清楚。所以，對於工作中的挫折與不如意，妳必須學會堅強面對。既然身處職場，就只能展現最專業的一面。更何況，哭泣並不能讓問題解決、讓麻煩消失，除了破壞自己的形象，沒有任何好處。既然是沒有意義的事，妳又爲什麼要做呢？

不要眼淚，要方法

即使妳在職場中感到委屈難過，也不要輕易掉下眼淚，不論什麼時候，妳都要記得：職場不相信眼淚。在工作中遇到問題，上司需要的是妳提出解決問題的辦法，而不是看到妳委屈的淚水。妳也應該相信：在眼淚之外總會找到解決的辦法。

首先，職場女性要克服感情用事的習慣，努力用理智控制情緒。就算妳對某件事十分不滿，也要告訴自己：先平靜了情緒再說話。假如妳怒氣沖沖，找同事或者上司理論，那麼很可能會把對方也惹火，後果就不堪設想了。因此，即使妳感到不公平、不滿，也要盡量平心靜氣地去和對方溝通。

其次，如果妳很生氣，覺得受了莫大的委屈，那麼不妨先拋開自己的想法，站在對方立場上想想。如果妳能這樣做，那麼大多數時候，妳會發現事情遠遠不是自己理解的那樣。換個角度想，至少會讓哭的慾望降低，避免情緒衝動。

周冰冰是一位職場新人，大學畢業後成功的加入了DH公司，憑藉著過人的專業知識和任勞任怨的做事風格，很快獲得了上司的賞識。眼看又到了一年一度全球展銷會的日子，老闆給了周冰冰一個展示才能的機會，讓她負責公司展臺的設計。周冰冰接到任務後興奮不已，立刻將所有的精力都投入到了工作中，加班成了家常便飯，但她卻一點都不覺得累，每天依然精神抖擻。當她把設計好的創意方案給經理看的時候，經理卻說：「妳設計的這個一點創意都沒有，怎麼能吸引訂貨商呢？而且雜亂無章！」周冰冰感到委屈極了，淚水瞬間充滿眼眶。但她隨即把眼淚憋了回去，「怎麼能掉眼淚呢？不能哭！哭就太懦弱了，要堅強！」周冰冰控制了一下波動的情緒，回到座位上重新來過。

周冰冰明白，眼淚不能幫她解決問題，只能讓她顯得更不專業，這不是一個專業的職場人應該表現出的反應。在出現問題時，更需要用冷靜的頭腦去找方法，在堅強中學會成長。

每個人在職場都不可避免地會遇到挫折，就看妳如何看待它。挫折也好，麻煩也好，其本身都帶有正面和負面的雙重意義，重要的是妳能否藉此汲取教訓。在挫折面前，妳需要的就是提高心理承受能力，以及對挫折的抵抗能力。不論是什麼情況，都不應該讓情緒主宰一切。想哭就哭是弱者的表現，也會讓別人感到厭煩。所以，身處職場，遇到問題應該尋求解決的辦法，而不是用眼淚掩蓋一切。

小資女職場小心眼

掉眼淚也要看場合。身處職場，遭遇挫折與麻煩是再正常不過的事。如果只會用眼淚來發洩委屈，而不去尋找解決問題的方法，那麼妳不會得到任何進步。當掉眼淚成為習慣時，別人也就不會買帳了。職場女性，要學會在堅強中成長。

第6忌
事事推託　不敢承擔責任

人人都道「謙虛是美德」，中國人對謙虛的推崇可是達到了登峰造極的程度。如今的職場中，也有很多人喜歡謙虛地說：「這個我不行啊！」這句話中的真意是需要推敲的：有些人是因為能力有限，怕把事情搞砸才這麼說，那是迫於無奈；也有人是聰明至極，看到了事情的艱難，想打個太極，把難事推給別人；也有人受人所托，為躲避麻煩而說「我不行」……無論是出於哪種原因，經常說「我不行」都不是一個好習慣。雖然在職場中，高調過頭容易成為眾矢之的；可是事事推託，在上司眼中就是沒有價值、不負責任；對同事的囑託推三阻四，也不利於同事間的交往。

職場中不需要過於謙虛的美德

謙虛是好事，尤其在職場中，更要謙虛行事，但謙虛並不意味著自貶身價。妳可能會碰到這樣一些人：他們從頂尖大學畢業，專業搶手，可是工作後的成績卻是平淡無奇。什麼原因讓這些鳳凰跌落枝頭呢？很可能就是因爲他們謙虛過了頭，稍有挑戰性的事就不敢去嘗試，奉行「少做少錯、不做不錯」的原則，總希望頂著以前的光環過日子，結果終生沒有成績。

吳琪做爲一名商業管理專業的優秀畢業生，在公司的新員工培訓會上，聽到公司希望大家多提意見的倡議，心裡非常激動。會後，她用了不到一個月的時間，就洋洋灑灑寫出一份萬言建議書，從部門設置、工作流程、作息時間等很多方面，指出了公司的「不足」，還提出了改進意見。可是令她意外的是，這份建議書並沒有得到公司的肯定，還被指出了不少問題，同事中也不乏落井下石之人。後來，吳琪又提交過一個建議書，也沒有得到大家的認可。從此，就有傳言說，她這個高材生也不過如此，有些人還對她冷嘲熱諷。後來，吳琪在工作中也沒有取得好成績來挽回顏面，她開始信心受挫，第一次有了無力感。從此以後，對於公司的企劃案，她再也不敢別出心裁，只是跟著大家的腳步走，怕說錯了或做錯了再次落人口實。上司有意把有挑戰性的工作交給她，希望培養她。可是吳琪每次總是說：「請您再考慮一下，我現在的能力還不足，還需要學習……」每次都是這套說詞，時間久了，上司也懶得理她了。眼看著一起進公司的同事都平步青雲，她心裡也很不舒

服，可是一想起初進公司時遭遇的難堪，就想著還是謙虛一點好，謙虛總是錯不了。就這樣，一個曾經的高材生被埋沒了。

旁觀者清，從吳琪的經歷中，我們可以得到這樣的啓示：職場上，爲人處世是應該謙虛，但也要掌握好一個尺度，不要因爲一、兩次的小挫折就自暴自棄。虛心是正確的，但過度的謙虛會演變成一種自卑，久而久之會侵蝕掉人的自信心，讓本來優秀的人毫無建樹。

同事請幫忙，千萬別說「我不行」

同事有求於妳時，如果眞的心有餘而力不足也就罷了，但要是藉故推託就不對了。同事是可以成爲朋友的，一些能力所及的小事妳幫助他，總沒有壞處。勇於擔當的人才能獲得他人的尊重。

曉曉是個過於精明的女孩，從來不肯對同事出手相助。每當有人找她幫忙時，她最常說的話就是「不行」、「我不會」。其實很多時候，同事找曉曉幫忙的都是舉手之勞的小事。而曉曉不論什麼事情，只要一聽出同事的意思是要自己幫忙，立刻擺擺手說「不行」，然後走開。慢慢地，同事們也就不再找她幫忙做任何事了。

有一天，曉曉的電腦出了問題，保存的檔案怎麼都找不到了，那是老闆特地交代她做的。曉曉急得像熱鍋上的螞蟻，非常希望有同事能來幫幫忙，但卻沒有一個同事主動走過來。曉曉想到自己平時對同事的態度，也就不好意思向任何同事開口求助了。

還有一種人經常藉故推託工作，嘴邊掛著「我能力不行、我不合適、會有更好的人選的……」等，他們不是沒自信，只是眼高於頂，不甘心做認爲沒前途的工作，「我不行」純粹只是一個藉口。其實，這種不甘心最要不得了。認眞工作是一種態度，只要妳接受了這份工作就該認眞地做下去，這是做人的準則。所以，改掉事事推託的壞習慣，承擔妳應盡的義務吧！

小資女職場小心眼

做人要有擔當，不能遇到難事就退縮。即使遭受挫折，也要盡快調整心態，等待即將到來的機會。就像那句話說的：「不逼自己一把，妳永遠都不會知道自己有多優秀。」

第7忌 疏於偽裝 把情緒寫在臉上

我們身處的職場裡，各式各樣的人上演著各式各樣的戲碼，爾虞我詐，你爭我奪。但是，不論戲碼多麼精彩，總有一個真相不容忽視，那就是：那些笑到最後的人，往往是在平時最平靜無波、情緒最少起伏的人。

辦公室裡最看不清的就是人心。試想，妳不懂得掩飾情緒、所有的目標與追求都能讓人一眼看穿的話，妳就只能處於被動防守的境地，最終極可能落得個被犧牲的下場，難道不可悲嗎？所以，身處職場，要學會掩藏情緒，喜怒不形於色，這樣才可以在他人的「看不穿」中成就自己。

學會將自己的情緒放在心底

情緒是每天跟隨人的一個「影子」。高興也好，不高興也罷，都是情緒的一種表現。有些人看起來沒有表情、沒有情緒，其實是聰明地隱藏在內心。而有些人則不那麼聰明，尤其是一些女生，一有點情緒上的波動，臉上立刻表現出來。高興時，好像全世界都是美好的，看見誰都微笑；不高興時，又好像所有人都得罪了自己，不管跟誰說話，都是一張不耐煩的冷臉。

如果生活中的妳是這樣，那麼妳已經很危險了；若妳將這種習慣帶到了職場，那麼只能說，妳難以在職場有好人緣和出頭之日了。也許妳還沒意識到，在職場有一種東西很要命，那就是不自覺暴露的情緒。它會在不知不覺中出賣妳，等到妳發現時，形勢早已無可挽回。壞情緒中，影響最壞的就是逆反情緒，一旦這種情緒表現得過於明顯，妳就做好「陣亡」的準備吧！

熟識林玫的人都知道，她是一個太過情緒化、講究率性而爲的人。不論以前在學校也好，現在步入職場也好，林玫的心性一點都沒有改變，還是會毫無顧忌地表露自己的眞實情緒，厭惡、鄙視、反感……統統表露無遺。之前，林玫的親朋好友都能體諒她，不跟她計較，任由她想怎麼樣就怎麼樣；可是，現在她已經進入職場了，沒有人有義務忍受她的壞情緒。其實林玫自己也知道，愛把情緒露在臉上不是個好習慣，在職場上肯定會吃虧，但就是改不過來。終於有一天，已經吃了很多「暗虧」的林玫，又一次在自己的情緒上受了傷。

林玫所在的設計公司接了個大案子，一旦完成，可以帶來十分可觀的利潤。於是，老闆一聲令下，全部人員都要爲這個專案忙碌。等到分配具體工作時，林玫的逆反情緒又開始冒出頭了。接下來的幾天，整個辦公室就只聽見林玫的抱怨聲：「爲什麼妳分配的工作比我輕？」「爲什麼別人早下班回家了，我還要加班？」「妳又不是我的上司，憑什麼指揮我？」「就算妳是主管，妳憑什麼就能對我大吼大叫？失誤又不是我造成的！」如此等等。直到有一天，林玫又在抱怨時，正巧撞上了老闆。結果可想而知，老闆什麼話也沒說，直接給了林玫一紙解聘通知書。

在工作中，即使對某些人、某些事有不滿，如果妳夠聰明，就要學會把情緒掩藏起來。要想不被別人看穿自己的眞實意圖，居於主動地位，就應該學會喜怒不形於色。如果妳像個「玻璃人」似的，讓別人一眼就能看透，那麼，妳一定會成爲被出賣或被犧牲的那個倒楣鬼。

別帶著情緒進辦公室

如果妳情緒好，那麼可以在走進辦公室時，適度展示一下；如果妳情緒不好，就請將不悅壓在心底，走進辦公室前，先來個深呼吸，並掛上微笑。畢竟，同事、上司、老闆不是妳的親人、朋友、心理醫生，沒有人會爲了妳不佳的情緒勸慰妳、心疼妳。

當妳步入職場時，妳就應該明白：職場不同於學校，更不同於家裡，充滿了爾虞我詐、勾心鬥角。部門與部門之間、同事與同事之間、上司與下屬之間，爲了業績、爲了升職，都不可避免地在競爭、爭鬥。在爭鬥中，面具能幫妳掩飾情緒，城府能讓妳懂得變通。用面具隱藏自己，以城府出奇制勝，才會實現最後的勝利。

前一晚，心雨剛跟老公吵了一架，心情很不好，就連最心愛的貓咪也受到她暴躁情緒的波及。臨出門時，心雨在鏡子裡看到了一張「無敵黑金剛」的臉，而且明顯寫著：「暴怒中，請勿靠近。」在從家到公司的路上，不知道是心理作用還是確實如此，心雨感覺到路上的行人都以怪異的眼神望著自己，在即將跟自己擦肩而過時還加快腳步，唯恐避之不及。心雨突然驚醒了：難道要這樣黑著一張臉進辦公室嗎？帶著這種壞情緒，能夠好好地工作嗎？想到這些，心雨在快到公司時，突然轉個身，走向小廣場。那裡有開得正豔的花，有淙淙淌過的流水，心雨對著水中的倒影，做了個深呼吸，在心裡說：心雨，加油，妳可以的！

轉過身回來，心雨給自己戴上了微笑的面具，將壞情緒掩藏在後面。一整天下來，無論是被上司責罵，還是同事間的磨擦，她都以微笑去面對。快下班時，同在一個辦公室的好友美玲——也是唯一知道心雨跟老公吵架的人，拉住心雨，納悶地問：「看妳這容光煥發的樣子，一點也不像是昨天那個打電話給我、哭哭啼啼又暴怒的人啊？妳這麼快就沒事了？」心雨苦笑，說：「哪能這麼快就沒事了。我是用笑來掩飾怒氣，免得波及無辜，讓人抓住把柄。我現在是在工作，總不能把私人情緒帶到工作中來吧？」

心雨是睿智的。辦公室就是工作的場合，所有的私人情緒都應該收起來。在職場，最應該有的情緒就是：得而不喜，失而不憂，喜怒不形於色，平靜對待一切。

當妳把所有的情緒都寫在臉上時，無疑是把最眞實的自己展露在別人面前：妳的稜角，妳的高傲，妳的脆弱……都會被別人看得一清二楚，就像是不穿衣服站在對手面前，還有什麼資本去跟別人競爭呢？況且，對方看透了妳，清楚地知道了妳的弱點，也許只要動一動小手指，妳就不得不投降。這對妳不是難以挽回的損失嗎？

所以，如果不想讓別人看透自己，就應該有一點城府，用僞裝作爲保護色，學會僞裝情緒。不被別人看透，才能在競爭中立於不敗之地。

珍進入職場的時間並不長，但最近的表現卻開始呈現出一個老員工的狀態——工作開始不認眞、態度明顯懶散了。原因是，珍是頂尖國立大學的高材生，在熟悉了工作流程後，就覺得自己做這份工作太委屈了。這樣的想法，使珍的工作態度越來越不認眞，不但平常工作經常出錯、被上司批評，就連公司的活動她也十分怠慢，還不屑地說：「那麼無聊，我才不願意去爭呢！」上司注意到珍的變化，並見其「屢教不改」，心中漸漸有了辭退她的想法。

一次，珍又粗心地把報表做錯了。當時上司剛剛損失一個大客户，心情不佳，便十分生氣地將珍叫過來，對她吼道：「妳這報表是怎麼做的，爲什麼一再出錯？妳一個高材生，還做不好這點工作嗎？妳覺得自己在這裡委屈？那妳走啊，妳可以馬上離開！我們只要把招募廣告一發出去，馬上有大把的人來應徵！」

珍挨了罵，滿心委屈地走出了辦公室。這時，正巧珍的男友打來電話，珍便將受的氣全發洩在了男友身上。她的男友勸慰說：「別難過了，拿了人家的薪水，就要替人家做事，偶爾挨罵也是正常的，妳那不能受氣的脾氣也該改改了。」珍聽後更加氣惱，和男友大吵了一架。她掛斷電話，正準備倒水喝時，桌上的電話響了，她拿起來不耐煩地大聲喊：「你找誰？有什麼事？」電話那頭也大聲說：「沒什麼事！」珍掛掉電話，呆坐在桌前，腦子裡一片混亂。這時，有同事走過來，關切地問珍怎麼了，沒想到珍反而對著那同事發脾氣。同事走開了，其他人也都在忙自己的事，對珍的情緒視而不見。不久，珍因爲老闆和同事都不「善待」自己而離開了。

珍是典型的脾氣火爆的女孩。但在職場中，無論妳的脾氣多麼火爆，都應該收斂，否則最後吃虧的還是自己。

小資女職場小心眼

女人身處職場，應該拋棄平時的天真、坦率，為自己準備好掩飾真實情緒的面具。學會偽裝自己，才能避免被別人看得太透、被人窺破弱點，才能不給別人可乘之機。

第8忌
自恃富有　把工作當玩票

職場中，大部分人都是忙忙碌碌的，生怕一不認真就犯錯誤。而總有這樣一些人，每天只知道在辦公室裡談天說地、大吃零食、描眉撲粉，甚至在電話中打情罵俏。她們從來不知道應該好好工作，也不知道工作該怎麼做。上司往往也拿她們沒有辦法，因為她們家裡不是有錢就是有勢。殊不知，靠人人會老，靠門門會倒。如果靠山倒了，她們該如何面對現實的競爭呢？

再富有也別做辦公室的「裝飾」

有些女人家底殷實，上班純粹是爲了打發無聊的時間。這樣的女人，工作既不認眞，也沒有建樹，甚至犯了錯也無所謂，成了辦公室的裝飾品。還有一些靠關係進入職場的女人，她們只知道吩咐別人工作，自己坐收漁利。這些女人輕視工作，是職場中奮鬥人士瞧不起的、沒有價值的人。

孫慧就是典型的辦公室「裝飾品」。她生在一個非常富有的家庭，爸爸是一家房地產公司的董事長，媽媽是一家酒店的總經理。從小到大，孫慧獲得了萬般的呵護與寵愛。所以，嬌生慣養的孫慧從來不知道什麼是奮鬥、什麼是壓力。她在父母的安排下，一直在最好的學校讀書。但在學校裡，孫慧從來沒有好好學習過，天天都在混日子。轉眼間，孫慧大學畢業了，她的父母著急了：女兒該怎麼去面對這個競爭激烈的社會呢？爲了不讓女兒吃苦，孫慧的父親索性讓她在自己的公司待著，還給了她一個副總經理的名號。

第一天上班，花枝招展的孫慧一邊吃著巧克力，一邊穿堂過室，讓總經理爲她介紹公司的概況。大家都知道她是董事長的女兒，以爲她只是來老爸的公司看看，可是沒想到是來上班的，而且一來就當副總經理。孫慧上班後，幾乎不工作，整天待在自己的辦公室裡玩電腦，玩累了便蹺起二郎腿悠閒地煲電話粥。有時仍然覺得悶，她便會走出辦公室，在每個職員的旁邊逗留幾分鐘，看看他們都在做些什麼。末了，總會問一句：「有沒有什麼好玩的？介紹介紹吧！」剛開始時，職員們

都覺得受寵若驚，因爲高高在上的「公主」主動向他們問話了，於是都向她推薦一些好玩的遊戲。可是後來，職員們漸漸覺得這是「公主」無聊的表現，便有了厭惡感，都不大理她。最讓職員們看不慣的，還不是她整天無所事事，而是她把職場當成家裡——好幾次，董事長出現時，大家都誠惶誠恐，只有孫慧嘻皮笑臉地大叫：「老爸，老爸，什麼時候可以放我長假啊？朋友們等著我出去玩呢！」對這樣的「公主」，大家暗生鄙夷，慢慢地，就都對孫慧愛理不理，甚至會公然拒絕她的要求。他們的心理是：「開除就開除，到哪裡都比和這樣的『公主』共事強。」

孫慧在工作時間無所事事，甚至目無職場，所以，定然會受到眾人的鄙視。我們應記住，辦公室是用來工作的，不是用來玩樂的。所以，如果不想好好工作，就不要在辦公室中逗留，免得擾亂工作秩序，惹人厭惡。

自身的價值需要通過工作來體現

對於那些富家女來說，家中有再多的金山銀山，也不是透過自己努力得來的。況且，當有一天父母老去時，自己也不能坐吃山空。從長遠角度來考慮，女人一定要有一技之長，方可從容活於世上。退一萬步講，即便富家女以後會嫁入豪門，一輩子不用操心生活，也難免讓人覺得一生有些虛度。一個人如果沒有自己鍾愛的、擅長的職業，是非常不幸的，女人同樣如此。實現一個女人價值的，不是化妝品、衣服，更不是看她嫁給什麼樣的老公，而是她是否有自己的事業。

有人說過這樣一段話：「我們的命運就如同一顆麥粒，有三種不同的道路。這顆麥粒可能被裝進麻袋，堆在貨架上，等著餵豬；也可能被磨成麵粉，做成麵包；還有可能被撒在土壤裡生長，直到長出金黃色的麥穗，結出成千上萬顆麥粒。」這段話在一定程度上道出了人命運的不同。但這段話是有失偏頗的，因爲麥粒無法選擇命運，而我們人則有選擇權。每個人都不想讓自己有「等著餵豬」或「做成麵包」的命運，所以，職場女性要重視實現自身的價值。

工作是實現人生價值的最好平臺，雖然從表面看起來，工作是爲了出賣體力和腦力獲得一定的報酬；但在工作的過程中，會學到很多，也明白很多，而且每一年都會有進步。所以，工作能在爲別人創造價值的同時，也實現自身的價值。

《聖經》中說：「工作是上天賦予我們的使命。」人生命三分之一的時間差不多都

在工作中，我們沒有理由不好好工作，否則就完成不好上天賦予的使命。更重要的是，一個人的人生是有限的，如果總是靠別人的蔭庇而混日子，他的人生將是無意義的，自身價值也將永遠是個胎死腹中的嬰兒。這樣的人是可悲的，枉來世上走一遭。所以，既然來到了職場，妳就需要好好工作，而不要再去依靠任何人了。

人最大的靠山是自己

辦公室裡的富家女之所以不愛工作，是因爲她們有著強大的靠山。沒有生活的壓力，自然也就沒有操勞的必要。的確，一個人活在世上，都需一個「靠」字，不是靠人，就是靠己。靠人可以節省很多體力和腦力，甚至可以坐吃現成；而靠己則要耗費非常多的體力和腦力，甚至累得半死不活。但靠人的享受只不過是暫時的，因爲沒有人能讓妳依靠一輩子；而靠自己則是痛苦並快樂著，但那種成就感是一輩子的。

沒聽說過嗎？「靠山山會倒，靠人人會老，靠自己最好。」是啊，如果哪一天妳的靠山突然倒了，那麼，妳該怎麼辦呢？不要說這種「如果」沒有可能，一切都是有可能的。而且，即使妳的靠山不會倒，他眞的就能不圖任何回報地讓妳依靠一輩子？

大陸作家余秋雨在《我等不到了》一書中，講了自己的家史。寫到祖母那一輩時，就講到了祖父由富有變衰敗的轉折，而過慣了錦衣玉食生活的祖母，面對突如其來的困難，竟然找不到解決的辦法。由於祖母不會工作，還要撫養幾個孩子長大，最後只好賣掉了自家的房產，還必須跟著原來的保姆去做工。

所以，在「靠人」的享受中感到無限幸福的女人們，應該認識到靠自己的必要性和重要性，努力工作，用心奮鬥，而不要沉醉在無所事事的安逸之中。

小資女職場小心眼

女人無論是否有錢，在該工作時都應該好好工作。衣食無憂、靠山強大的生活不見得會永遠不變，一切都可能成為過眼雲煙。只有靠自己好好工作，妳的未來才有保障。

第9忌 過於心軟 不懂「厚黑學」

女人的心很軟，很多時候，即使自己被傷害了，也還是選擇原諒，不忍心將對方置於死地。這種性格，使她們在職場中也總是狠不起來：每當別人請求幫忙時，心一軟便答應了；每當面對難得的機會時總是優柔寡斷，到最後被別人搶了去。可以說，在職場中，心軟是女人的一大軟肋。其實，女人也應該像男人一樣，要狠一點，以捍衛、維護自己的利益為出發點。

妳仁，他未必義

女人的心軟，在職場中就變成了劣勢。在職場中，當別人用一雙乞求的眼睛求妳幫忙時，妳是不是不假思索就答應了？當難得的深造、加薪或晉升等機會擺在面前時，妳是不是因左右爲難，而把機會拱手讓給了別人？如果妳的答案都是肯定的話，那麼，妳在職場便是一個心慈手軟的人。心慈手軟成全了別人的利益，可是，他們就會因此感激妳、對妳手下留情嗎？很明顯地，答案是否定的。

我們已經知道，職場就是一個利益角逐的場所，而不是一個講人情的地方。妳給了人家好處，人家未必就會手下留情，等妳再去拿回一個好處。當妳眞正需要幫助時，妳去人家那裡等著他給妳回報，他很可能會給妳吃一個閉門羹。

林珊就是個典型的好心腸的女人，在生活中對別人的請求總是很痛快地答應，而在工作中，這種個性卻讓她吃了虧。

林珊在一家文化公司工作，溫文爾雅、心地善良的她，每當同事有困難向她求助時，她都會盡心盡力地幫忙；哪怕自己無法做到，也會想各種辦法盡量滿足同事。

一次，同事楊景突然向她借錢，說是她媽媽突然生病了，需要住院治療，費用要好幾萬，可是楊景只存了六萬多塊。當時，林珊的手頭也比較拮据：老公已經失業兩個月，兒子剛剛上幼稚園，

每個月還得拿出錢來孝順父母和公婆。但一想到楊景的媽媽生病了，林珊便答應借給楊景三萬塊。

林珊聯繫了她一些朋友、同事，說自己遇到棘手的事，急需用錢，希望他們能幫點忙。好不容易湊了三萬塊，立刻交給了楊景，說：「妳媽媽等著用錢，趕快拿去吧！」

後來有一天，林珊突然接到兒子學校的電話，說她的兒子發燒了，要她馬上過去。可是林珊當時正在上班，而且手中處理的任務還比較緊急。她問楊景能不能幫她把任務趕完，而且工資還算她的。可楊景一口拒絕了：「我也要工作啊！完成不了會扣工資的。」「哦，這樣啊，要不妳到時扣的工資我回頭補給妳吧！我的任務確實比較急，花不了多長時間，一、兩個小時就可以了。」可是，楊景最終還是拒絕了。

林珊沒想到楊景會這樣對她，感覺非常受傷。沒辦法，林珊只好把任務交給上司來處理了。

林珊的善良，反而讓自己受到了傷害。在職場中，有很多女性容易犯這樣的錯誤。她們把同事當作自己人，不惜傾囊相助，但得到的「回報」卻是意想不到的。因此，職場女性一定要多個心眼，不要覺得同事就不會給自己「下狠手」。

職場中的善良不是優點

善良、柔弱是女人的特點，但在職場中就成了「軟肋」，是影響女人職業發展的大敵之一。要知道，善良是好事，但並非在任何場合都是優點。在面對不同的人時，就要採取不同的策略。妳在職場中對別人善良，不保證別人就不會對妳要狠。

如果妳在別人請求幫忙時總是欣然答應，那麼，別人很可能會記住妳的善良，從此，妳便成了一個辦公室「慈善家」，任別人來享受妳的樂善好施，直到「家底」被掏空。這是妳想要的結果嗎？

妳應該想清楚，妳進職場是爲了獲得利益，爲什麼要爲了幫助別人而犧牲個人的利益呢？所以，爲了自己不被別人榨乾，妳應該心腸狠一些，讓別人對妳有所畏懼，不敢輕易對妳開口提要求。

如果妳在機會面前總是讓給別人去抓住，那麼，別人很可能會記住妳的柔弱，以後每次有機會出現，他們便會恃強凌弱，不給妳爭取的機會。他們總是這樣，妳肯定很不甘心，可是這都是妳縱容的。如果當初妳不是主動把機會拱手讓人，而是執意爭取，並且爭取到了，他們還敢那麼囂張嗎？所以，女人在機會面前絕不能太柔弱，該爭取時就爭取。

女人得懂點「厚黑學」

何謂「厚黑」？厚黑即「厚顏黑心」，說白了就是臉皮要厚一些，心腸要黑一些。「厚黑學」之說，源於近現代思想家、教育家及革命家李宗吾先生所著的《厚黑學》一書。李宗吾稱：「臉厚，是行爲方式；心黑，是行爲準則。」他又稱：「臉皮要厚如城牆，心要黑如煤炭，這樣才能成爲『英雄豪傑』。」是啊，爲什麼「寧可我負天下人，不可天下人負我」的曹操，能從無名小卒成爲一代梟雄？又爲什麼「力拔山河兮氣蓋世」的項羽，最後會斷送「江山、美人」的大好前程？「厚黑」，就是能解釋這一切的一門神奇的學問。

《厚黑學》一書最初是寫給男人看的，充滿了男性色彩。這也不能怪李宗吾先生搞性別歧視，因爲在那個年代，不論是戰場還是職場，都是男人的天下、男人的舞臺。到了現代社會，女人也在職場中撐起了「半邊天」，因而女人也應深諳「厚黑」這一學問，它會是幫助女人馳騁職場、維護個人利益、獲取更多利益的一把利器。

所以，從現在起，試著拋開人情的包袱，該心狠時便心狠，感受「厚黑」帶來的不一樣的快樂和滿足。

小資女職場小心眼

女人在職場，如果一味堅持「心慈」和「手軟」，肯定會吃大虧。職場本來就不是一個講理、講溫情的地方，女人在這裡不要放太多的感情，思考問題要理智，處理事情要果決。

第10忌

「以公徇私」展開辦公室戀情

有人將辦公室中的男女比喻為「兔子」和「草」，一句「兔子不吃窩邊草」，準確地道出了辦公室男女在感情上應該持有的態度：避談辦公室戀情。那些熱衷於辦公室戀情的人，我們認為她是一隻盲目的「兔子」，吃了「窩邊草」，並沒有得到更多的好處，還有可能給自己帶來災難。這難道不可怕嗎？

辦公室是工作的地方，不適合容納曖昧的情感，更不適合設置愛情的密碼。深陷辦公室戀情迷局中的妳，是不是還在擔心會被老闆、同事發現？是不是還在為可能出現的流言蜚語而恐懼？在這種「水深火熱」的戀情中煎熬，妳是不是也會感覺到從來沒有過的疲累？既然如此，妳還在堅持什麼？

辦公室戀情多半得不到祝福

戀愛是件美好的事情，每個女人都希望自己的戀情得到所有人的祝福。但是，有一種也許門當戶對、兩情相悅的戀情，卻難以得到上司和同事的祝福，那就是辦公室戀情。

對於老闆來說，辦公室戀情會讓自己的事業受到影響，若掀起辦公室戀情狂潮，那對老闆的打擊是可想而知的。因此，很多公司都有一條成文或不成文的規定：禁止談辦公室戀情。而對於其他同事來說，在得知兩位同事「相愛」之後，有些人會給予眞心的祝福；有些人則會在心中嫉妒，或者不平：爲什麼我們在專心工作的時候，他們卻開始談情說愛了？辦公室戀情不是一個好的選擇，最好不要去碰。

然而，很多女人看不到這一點，還是勇敢地闖入了「禁區」。比如，很多剛畢業的小女生，帶著學生時代對愛情的憧憬步入職場，最先關注的不是公司的企業文化和人際關係，而是在公司內部挖掘男同事的小資料——尤其是那些看起來有交往可能的男同事，以期在他們中間找到自己的「潛力股」。

愛情，是人人都會憧憬和嚮往的；愛情，也正因爲有小別才會有相聚時的甜蜜。如果妳在辦公室展開一段戀情，妳和他每天一起上班一起下班，上班的時候，濃情蜜意；下班之後，回到家裡蜜意濃情。這種完全沒有距離的愛情，遲早會讓妳或他厭煩。兩個人與其在厭煩之後分手，彼此連朋友都做不得，倒不如在最初的時候拒絕開始；與其在分手之後出現抬頭不見低頭見的尷尬，倒不如在最開始把不成熟的感情火苗即時掐滅。

辦公室戀情難以禁得住考驗

有句老話是這樣說的：「妻不如妾，妾不如妓，妓不如偷，偷不如偷不著的。」人們往往有這[illegible]心理：得不到的就是最好的，越是得不到，就越渴望擁有。某些辦公室戀情的展開，也許正[illegible]摸摸」的樂趣所吸引而產生的。毫無疑問，這樣的愛情是經不起考驗的。

[illegible]同屬一家廣告公司的創意部，只不過盛美是創意指導，陳傑只是一個普通的設計[illegible]」掌拍不響」的事情，在日常工作的接觸中，盛美對這個長相一般卻有著出眾能[illegible]急，陳傑也能從上司的眼睛裡看到一些閃亮的東西。於是，就這麼自然而然地，兩[illegible]起。世界上沒有不透風的牆，盛美與陳傑你儂我儂、暗送秋波時，總會被一雙雙旁觀的[illegible]覺；好不容易有機會靠在一起，卻在有人闖入時不得不倉促分開。熱戀中的兩人既想時刻看到對方，又擔心流言蜚語會傳到老闆的耳朵裡；儘管有「偷偷摸摸」的激情，卻也有諸多無奈。

流言的力量是強大的，也是可怕的。沒多久，老闆在跟盛美的談話中暗示她：公司是嚴禁員工之間談戀愛的，更何況是上司與下屬。最後，陳傑選擇了離開公司，無非是知道盛美不可能對自己目前擁有的一切輕易放手，只有自己選擇「犧牲」，才能體現出愛情的偉大。

陳傑在公司的附近租了一間房，與盛美住在一起。本來以爲，沒有了公司規定的阻礙，他們就能夠無拘無束地在一起，直至愛情開花結果。但是，令盛美想不到的是，陳傑在兩個月之後提出了分手。原因很簡單，辦公室是他們滋生感情的土壤，現在離開了這片土壤，感情也就失去了原有的味道。

辦公室開始的戀情，結束時也會像開始時一樣輕易而簡單。既要逃避公司的規定，又要擔心同事的流言蜚語，還要擔心上司會因此對自己失望，這些擔心會時刻在兩個人的心頭翻湧。猶如身處「水深火熱」之中的妳們，要應付這些都來不及，哪還會有多餘的精力去認眞工作、經營愛情？到最後，受到上司的質疑、感情宣告終結，都是難免的結局。

隱戀、隱婚，痛苦知多少

公司裡的俊男靚女是很容易發生浪漫愛情的。但是愛情發生之後如何維持呢？不管是高階主管，還是員工，都難逃隱戀的尷尬與痛苦。而當一場戀情暴露時，員工的下場是勸退，高階主管則因此失去晉升的機會。隨著職場競爭的日趨激烈，越來越多的人處於生存需要或其他考慮，紛紛當起了「隱婚族」，即隱瞞自己已婚的事實。也許妳會認爲，在職場，一旦貼上「婚姻」的標籤，就

會大大降低自己的競爭力，所以妳對「隱婚」遊戲樂此不疲。但是，據專家提醒，「隱婚」是一種危險的遊戲，極易引發婚姻危機。

試想，妳在公司「隱婚」，引起了公司某男士的注意。當他對妳展開追求攻勢之後，出於刺激也好，出於對自己「未婚」謊言的掩飾也好，妳很難抗拒這種追求帶來的快感。一段時間之後妳發現：原來他跟妳一樣，也是一個「隱婚族」。而此時你們之間已經不可抗拒地產生了感情，妳既對他的隱瞞感到氣憤，又對自己的婚姻產生一種負罪感。夾雜在社會倫理道德和對婚姻負疚中的妳，要怎樣才能讓自己從容地面對他、面對家庭？

所以，爲了避免陷入婚姻危機中，就不要對「隱婚」這種遊戲產生興趣。男婚女嫁是再正常不過的事情，有什麼好隱瞞的呢？其實，有些公司反倒是更看重那些已婚人士，因爲他們具有對家庭的責任感，也能夠有對工作、對公司的責任感。「隱婚」不是一種常態，如果妳處理得不好，會對人對己都產生不利影響。

某公司曾經做過一項調查：近三分之一的人認爲工作場所是個談情的好地方，約百分之四十％的成年男女約會過。但從可能導致的後果方面的調查卻顯示：大部分人警告職場女性，不要和自己的老闆約會，或者答應同事的約會請求。更有超過一半的人坦言，和同事約會就是在「玩火」。

既然如此，在職場與情場中，妳是要飯碗還是要愛情？職場與情場，根本是兩個概念、兩種寫法——職場是「公」，情場是「私」。我們都知道，公私要分明。妳的目光更應該放到職場之中，不要讓愛情密碼在辦公室成爲一堆「亂碼」。

辦公室可以產生愛情，卻很難讓愛情繼續，甚至走向婚姻。所以，身處職場的妳要擦亮眼睛，不要愛上自己的上司，明知人家有妻有子，還陷入註定沒有結果的感情中，除了傷害感情，還會影響前途，不值得；普通同事也別愛，這種「地下黨」似的速食戀愛，最終難逃勞燕分飛的結局，浪費了時間，感情也依舊沒有著落，不值得。

辦公室裡不相信愛情，不要盲目地去愛上任何人，妳所能做的就是首先愛自己，成全自己，再來成全自己的工作。如果非要在辦公室開始一段感情的話，就去愛妳的工作吧！

小資女職場小心眼

職場跟情場是兩個概念，聰明的妳不要將其混為一談。辦公室的地下戀情絕對會「見光死」，所以，在辦公室不要談感情，只談工作。如此，妳才不會陷入辦公室戀情中無法自拔，到頭來傷人更傷己。

第11忌
攀高枝與男上司進行桃色交易

女職員與男上司的「桃色交易」已不是新鮮事。在職場中，老闆是成功、多金男人的典型，會被很多女人仰慕；而一個出色的職場女性，最可能遇到兩種情況：一是被老闆欣賞，一是被老闆所愛。如果是第一種情況，那麼無疑妳是幸運的，因為妳的工作能力得到了老闆的肯定，能夠讓妳在工作中更有價值和魅力；如果是第二種情況，那妳可要慎重對待了，因為被老闆所愛，是一件極有風險的事，一旦處理不好，失去的不僅是工作，還可能是在整個行業中的名聲。

所以，對於跟老闆的關係，妳一定要拿捏好尺度。不論何時，妳都要記得：妳不是「灰姑娘」，也不能成為被豢養的「金絲雀」。「灰姑娘」最終會等來午夜十二點的鐘聲敲響，「金絲雀」失去的將是遨遊長空的自由與樂趣。不要因為一時的貪戀，而給自己釀成一生的苦果。

天底下沒有那麼多小鳥變鳳凰的可能

有的女人認爲，能被老闆「看上」，是自己的運氣，是飛上枝頭變鳳凰的好機會，如果遇上了，就一定要牢牢把握住。妳是不是還在把希望寄託在別人身上，期望有一天能得到老闆的「鍾愛」，然後就能「飛黃騰達」？妳有沒有想過，即使是「灰姑娘」，也有希望落空的可能，也要被十二點的鐘聲驚醒。到時候，妳的結果只能是「竹籃打水一場空」。

米娜是個漂亮的女孩子，人也很優秀，求學時就被男同學競相追求。但米娜卻沒有對任何人動心，她認爲，只有成功、多金的男人才配得上自己。大學畢業之後，米娜應徵到一家公司做總經理祕書，她的上司正好是一個典型的「鑽石王老五」。

剛進公司時，米娜對一切都不熟悉，總經理對她十分關照，甚至經常親自指導她業務知識。慢慢地，總經理開始習慣性地跟米娜說：「妳既漂亮又能幹，前途一定不可限量。」剛剛踏入社會的米娜懵懵懂懂，只以爲自己好運來臨。再加上，總經理還時不時地約她吃宵夜、喝咖啡，還體貼地開車送她回家。漸漸地，米娜就沉浸在總經理的「溫情」中，她經常幻想，如果能跟總經理一直保持這種關係，甚至有更進一步的發展，那自己被調任行政主管或直接「升任」總經理太太，也是很有可能的。

可是有一天，總經理突然跳槽至另一家公司，走得無聲無息。抱有一絲希望的米娜打電話給

他，本想問問他以前的承諾還算不算數，沒想到，他卻一反常態地說：「妳還年輕，以後的路還很長，希望妳能有一個很好的發展。」米娜在掛掉電話之後，還在嘀咕：「我的『希望』中有你的大部分成分，現在你拍拍屁股走人了，我的『希望』還在哪裡啊？」米娜感覺自己的前途和感情一瞬間都消失不見了，那種失落感和挫敗感眞是難以形容。

作爲一個平凡的女孩，「灰姑娘」的夢難免出現在青少年時期，這是可以理解的。但奉勸各位步入職場的女性朋友，如果妳也像米娜一樣沉浸在「灰姑娘」的夢裡，那麼，妳眞的該醒醒了。與其將妳的職業發展寄希望於「王子」，還不如學會自立、自強，依靠實力去打造自己的天空。況且，即便妳幸運地穿上了「水晶鞋」，「一步三晃」的走路姿勢也必定會引來異樣的眼光，「靠關係」的議論也會讓妳如芒刺在背。如此辛苦又難堪的路，妳還要走下去嗎？

不要做人神共憤的「金絲雀」

得到老闆的「愛」，並非如想像中那樣幸運。也許在最初，妳嚐到的是被成熟男人呵護的溫柔、被金錢包圍的虛榮。而時間一久，老闆的愛多半會逐漸消失，妳存在的價值也就基本爲零了。更可怕的下場是，有些老闆會找藉口將妳逐出公司，以免「東窗事發」。

也有一種情況，是妳和老闆「交往」不久，祕密就被揭穿了。俗話說沒有不透風的牆，尤其是老闆和美女下屬之間的曖昧，更是十分引人注意。一旦與老闆的戀情暴露，那麼最少會有兩個不良後果：一是自己受到同事的鄙夷，甚至有人落井下石、看笑話；二是爲了「成全」老闆，自己捲舖蓋走人。無論是哪一種後果，都不值得冒險。更有甚者，一些有家室的老闆，也能讓女人爲他獻身，這種女人就實在太傻了。在職場，懵懵懂懂的女職員愛上已有妻室的男老闆，並不少見；少見的是男老闆肯爲其拋棄妻子——這種情況幾乎沒有，大多數的情況是他向妳承諾：車子、房子、錢，都可以給妳，唯一不能給的是名分，是光明正大地站在他身邊的機會。他能給妳的只是類似鏡花水月的虛幻的感情。

如果妳爲了這虛幻的愛情，辭掉了原本就薪水不高的工作，戴上了昂貴的珠寶首飾，住進了豪華的大房子，開起了限量版的跑車……讓自己成爲一隻「金絲雀」，住在純金打造的籠子裡，享受著不用奮鬥就能得到的物質生活，然而卻只能等待著——等待他的匆匆一瞥，等待他的偶爾到來，那麼，妳在享受別人羨慕眼光的同時，也會去羨慕著別人——羨慕他們的自由與快樂。

女人都是感性的動物，在這種一塌糊塗的感情面前，妳所有的學識和理智都變得蒼白無力。可是，妳在享受舒適的物質生活時，有沒有想過：或許他能夠跟妳一起享受羅曼蒂克，卻未必能爲妳擔當一切。如果有一天他厭倦了妳，妳的「金絲雀」生涯肯定會結束，隨之而來的是背上「狐狸精」的罵名；他能給妳的善後無非是勸妳另謀高就，妳除了收拾東西走人別無選擇。妳除了能夠帶走那些冰冷的首飾，未來空空如也。

所以，如果妳沒有很好的駕馭感情的能力，就不要輕易栽進老闆的溫柔陷阱裡，因爲妳將爲之付出的遠遠超過妳的想像：感情、事業、前途，甚至名聲。愛上妳的工作，但不要愛上妳的老闆，即使妳工作得很辛苦，那也是妳的傍身之技。「金絲雀」的生活即使充滿誘惑，一旦籠子倒塌，將無路可退，只有被毀滅；「小麻雀」的生活即使辛苦，卻能夠給妳眞正的滿足與快樂。

討得一時歡心，難得一世快樂

靜年輕漂亮，無論走到哪裡都是眾人矚目的焦點。圍繞在她身邊的男人很多，可是她從來不會給他們機會，因爲他們沒有公司，沒有房子，沒有車子，最關鍵的是沒有錢。終於有一天，靜戀愛了，對方是一個家族企業的總經理。靜如願住進了豪華別墅，開起了名牌跑車，手上的鑽戒閃閃發光——卻沒有戴在女人最期待的手指上，因爲那個男人有妻有子。

所有的朋友都勸說靜離開那個男人，可是靜單純地認爲這只是朋友對自己的嫉妒，她固執地相信那個男人會離婚娶她。直到有一天，門鈴響了，打開門不是期待的那個人，而是他的老婆。那是個十分強勢的女人，她進來之後，表現得跟所有抓住第三者的正室一樣：辱罵，打鬧。靜無話可說，因爲她早就知道會有這麼一天，她不在乎；她在乎的是那個口口聲聲說愛她、會給她未來的人。可是，她等來的卻是一張支票以及一句分手的話。

靜失望了，她也想過再重新出去找工作，但是她已經習慣了穿名牌、開跑車，也已經失去了工作的能力——確切地說，她已經不習慣自己動手去「掙」生活。而且，等她走出那座金絲牢籠，她才知道，他的老婆已經把自己宣揚得十分不堪，她要想在這個城市、在原來的行業繼續生存下去，幾乎是不可能的。於是，靜只有一個選擇——背井離鄉，從零開始。

類似這種不附帶責任的所謂感情，再華麗也會凝結成不能言說的「祕密」。一旦有一天，「祕密」被揭穿，妳將成爲那隻撲火的飛蛾，粉身碎骨。人的一生是漫長的，不能貪圖一時的享樂，放棄自己的工作，放棄自己的自尊，投入到註定沒有結果的感情中；到最後，妳只能一個人默默品嚐苦果，被傷得體無完膚之後，一無所有。

生活就是這樣，沒有「灰姑娘」的夢想；職場也是這樣，沒有童話傳說。千萬不要把老闆當作能夠「搭救」妳的「王子」，不要把所有的希望和感情都押在他的身上。唯有透過自己的努力與奮鬥，才能最終夢想成眞，才能成就屬於自己的職場天空。

小資女職場小心眼

還身處職場，不要天真地以為妳可以是「灰姑娘」，可以穿上水晶鞋一步登天；也不要把妳的未來都寄託在老闆身上。如果那樣做，那麼終有一天，妳會被傷害得體無完膚，並失去一切：事業、感情、名聲。

第12忌 不敢拒絕 把難題留給自己

在職場打拼的人，當然都希望有好的發展前途，而任何人的升職加薪都離不開上司的點頭同意。於是，為了得到上司的認可與賞識，太多的人把自己變成了「應聲蟲」——對於上司交派的工作和意見，她們只會點頭稱「是」或「好」，以為這樣就能跟上司保持絕對的一致，並得到賞識。也許會有這種可能，但是，聰明的上司更看重員工的創新與創意能力，一隻只會重複、附和的「應聲蟲」，往往只會得到上司的反感與疏遠。所以，妳應該向上司表現出自己的獨特性，勇於跟他技巧性地Say No，以自己的獨特見解來獲得上司的賞識。

隨聲附和千萬別成習慣

爲了和上司站在「同一立場」上，讓上司對自己有親近感，很多女人在上司面前總是一副很贊成的樣子，不管上司說什麼，都點頭說好。在職場，我們把那些只會點頭稱「是」、隨聲附和、人云亦云的人，稱作是「應聲蟲」。這些「應聲蟲」以爲跟上司保持絕對的一致性，就會得到上司的信任，卻不知，在越來越注重個性與創新的職場，「應聲蟲」不僅會讓上司失望，更會被同事暗笑，甚至對於個人發展與進步也沒有好處。「應聲蟲」混跡職場，眞的只是在「混」日子，升職加薪的路上也必定不會看見這些人的身影。而一旦形成習慣時，就演變成不管交給自己什麼任務，也不敢推託，只有點頭接下。一旦上司所交代的工作是自己無法勝任的，就相當於給自己帶來了無盡的困擾；又或者，在隨聲附和中犯下致命的錯誤。

尤佳是一家網路公司的程式人員，她在辦公室一向秉承的理念就是：少說少錯，不說不錯；順從就OK。於是，在平時的工作中，尤佳不但不怎麼愛說話，對於上司交派的工作，她也從來不會有不同意見，一直的工作態度就是：點頭稱「是」，接過來低頭就做。

一天，部門主管拿過來一份前幾天尤佳交上去的程式方案，對她說：「這份方案中間有幾處編得不是很理想，妳再重新改一下。」尤佳接過來說：「是。」然後就放下手頭的工作，開始修改這份編程方案。在接下來的一個月內，尤佳又接到好幾次要重新修改編程方案的指示。其實，尤佳心

裡對於主管的這一舉動也感覺有些莫名其妙：這幾次的方案修改根本就沒有什麼必要，爲什麼總是重複這毫無意義的工作呢？儘管有疑慮，尤佳也從來沒有向主管提出過疑問，只是低頭重複著說「是」。

直到後來，主管找到尤佳說：「我即將調任到另一部門做經理了，本來我有意讓妳接替我升任主管的，可是妳的表現讓我大失所望。妳在工作中缺乏主動性，總是喜歡說『是』，也從來不表達自己的意見和想法。這幾次修改方案其實是對妳的考驗，我以爲妳會有所改變，可是妳再一次讓我失望了。」很快地，主管調任爲其他部門的經理，空降了一個人來擔任尤佳的部門主管。看著屬於自己的機會就這樣擦身而過，尤佳後悔不已。

在工作中，如果因爲上司的掣肘，讓妳無法發揮才能時，妳應該意識到，那是妳自己的問題；如果上司交代了超出妳能力的工作令妳無法完成時，那也是妳的問題。這是由於，妳只知道順從上司的命令或要求，而不敢表達自己的想法和意見導致的結果。

要知道，儘管上司希望下屬能夠跟自己保持一致，但他也不希望自己的下屬是沒有任何活力與自我意識的「應聲蟲」，因爲這樣不會有利於發展。所以，爲了能更出色地完成工作，爲了能獲得上司更多的注意與賞識，妳應該有勇於向上司說「不」的勇氣，勇於向上司提出自己的獨特見解；讓他看到妳有自己的想法，這樣他才會考慮給妳更多的利益。

勇於對老闆說「不」

身處職場，妳很難避免遇到這樣的尷尬：老闆經常會給妳安排額外的工作，如果妳接受，就有可能打亂本來的工作計畫；並且這些工作很有可能超出了妳的能力之外，妳並不能保證很好地完成。可是，假如妳不接受這些工作，妳就有可能會得罪老闆。

對於這些職場中的不可承受之重，大部分人會選擇勉強接受。然而，當妳把所有的重擔都扛在肩上時，就必然會對妳原有的工作產生影響；一旦妳原有的工作沒辦法按計畫完成，額外的工作也不能保證完成，那麼妳除了得到批評，還會得到什麼？爲了避免陷入這種尷尬的境地，妳就應該勇於說不，既讓老闆理解妳的難處，又不至於增加不必要的負擔。

茜進公司的時間不短了，很受老闆的器重，她以爲自己一定會前途光明。可是，隨著時間的推移，茜不但沒有得到期望中的升職加薪，反而是老闆交給她的任務越來越多。茜對這種超負荷的工作心生不滿，可是她想：看在升職的份上，再忍忍吧！也許很快就會輪到自己了。茜一如既往地接受老闆交代的額外工作，卻也一如既往地看著機會在身旁溜走。茜的困惑被同事看在眼裡，告訴她：「老闆如果升了妳的職，他到哪裡再去找一個像妳這麼任勞任怨的員工呢？」回到家，老公也跟她說：「如果我是妳的老闆，我也不會升妳的職，一個永遠不懂拒絕的人怎麼去管理別人呢？」

儘管茜也覺得同事和老公的話很有道理，可是一到實際工作中，面對老闆交代下來的工作，她

還是不懂拒絕。終於有一次，老闆想再次給茜增加工作量時，她鼓足勇氣跟老闆說：「我手裡已經有三個專案了，再接受額外的工作的話，我擔心時間安排不過來。」看著老闆明顯暗沉的臉，茜又補了一句：「不過，要按期保有品質地完成工作，我需要幾個幫手。」茜知道，如果給自己增派助手，就等於是變相地升職；可是如果不答應自己這個條件，老闆也就不好再把額外的工作交給自己來做。雖然老闆當時只說「考慮考慮」，但是茜知道自己會打贏這場「仗」。果然，之後的幾天，老闆不但沒有給茜新增加額外的任務，還時不時地跑來關心茜的工作進展，並叮囑她在工作中有困難就要提出來，不要硬撐累壞了自己。

老闆不斷給妳增加工作量，不是不知道妳已經在做著很多工作，而是他們會認爲把工作交給一個不懂得拒絕的員工最省心。況且，是妳自己不懂得拒絕，心甘情願做額外的工作，所以即便老闆只給妳工作不給妳升職加薪，妳也不能有絲毫怨言，是妳自己接受的，不是嗎？

所以，如果妳想要更好地完成本職工作，不讓其他額外的工作分散精力，妳就應該學會微笑著拒絕。當然，不是說要妳冷冰冰地拒絕老闆的指令，那樣無疑是把自己推入「死胡同」；而是要妳巧妙地跟老闆說「No」，給他緩衝的時間。即使他不會立即如妳所願，也會在給妳額外任務時有所收斂，而且，妳還能展現妳的獨特個性，可謂一舉數得。

勇於說「不」的是人才

如果老闆說什麼妳就照做什麼，甚至是無法完成的工作也不敢拒絕，那麼妳在他心中的形象難免是「只會工作的機器」。對於這樣的人，老闆最多只會覺得她努力、認眞、聽話，但絕對不會認爲她有才幹。相反地，如果妳在和老闆溝通時，敢將自己的一些想法表達出來，那麼他至少會認爲妳對公司的事情確實進行了思考，不但認眞，還是有頭腦的。另外，如果妳的想法夠好，老闆必然會對妳刮目相看，也許之後每當有類似的事情，他都會聽取妳的意見，這樣久了，妳必然會成爲他離不開的臂膀，在公司的地位也就提升了上來。退一萬步說，即使妳的意見並不受到他的認可，也大可不必懊惱，更不用因此「堵塞言路」，再也不敢說出自己的見解。還是那句話，只要妳肯說，就代表妳是在思考的，而不是只會做事的機器。對於這樣的員工，老闆只會表示欣賞，不會怪妳說錯了話。

小資女職場小心眼

跟上司保持一致性絕對不是做「應聲蟲」。只會點頭稱「是」，反而會引起上司的反感和其他同事的恥笑。身處職場，要做獨立的自己，面對上司交派的超出自己能力範圍的工作，要勇於說「No」，不能盲目順從。

第13忌

沒有主見 遇事愛問怎麼辦

很多女性遇事不如男性有主見，不僅表現在日常生活中，在工作中也如此。如果遇到事情只懂得向別人求助，而不試著靠自己的能力去解決，時間久了，一方面，妳會對別人的幫助形成依賴，無益於自己的進步；另一方面，妳的習慣也會讓同事避而遠之。所以，在工作中，遇到麻煩時，不要自己還沒努力試著去解決，就習慣性地找別人幫忙。要保持冷靜的頭腦，自己想辦法去解決，實在解決不了再去尋求幫助。這樣，妳才會在原有的基礎上有所進步。

遇事先自己想解決辦法

任何工作都不會是一帆風順的，都會有預料不到的困難或挫折出現。當妳碰到困難時，妳還在手足無措，急得團團轉嗎？妳還在動輒向別人求助嗎？遇到解決不了的事情時，妳還在大發雷霆，讓眾人避而遠之嗎？妳還在讓一腔無名火最終燒到周圍同事嗎？

很多職場女性遇到麻煩、感覺到壓力時，就忘記了自身的實力。其實她們完全可以透過努力去解決問題，只是讓壓力弄亂了心緒。

勤勤是一家公司的主管，工作表現一直不錯，上司和同事也都很欣賞她。可是，最近她的表現卻有點讓人失望。原因在於，公司最新的晉升制度剛剛出爐，包括勤勤在內的三名主管都是升任經理的熱門人選。平時就小心謹慎的勤勤，在升職的機會面前變得更加小心翼翼，唯恐工作出現差錯，使自己跟這次機會擦肩而過。於是，上司交派的工作，她不再像往常一樣從容地完成，而是跟別人確認了再確認；在確定行之有效的工作方法之前，她會向別人問了又問。她整天在擔心自己有什麼地方做得不好，會讓上司和同事反感，所以變得誠惶誠恐、手足無措，而且脾氣也越來越不好，完全失去了幹練的形象。結果，勤勤的這種改變，也讓她「成功」地跟晉升的機會失之交臂了。

身處職場的妳，害怕不能出色完成工作影響業績，害怕得不到老闆的賞識影響晉升，害怕跟同

事相處不好影響人際關係……這些都讓妳在無形中給自己施加壓力，使妳失去冷靜思考的能力，以致於在緊要關頭一味地依靠別人。

其實，遇到問題就去問，並不能提高自己的能力，反而會產生依賴性，學不會獨立思考。在遇到問題時，最好的方法是先回想一下，同事在遇到同類問題時是怎樣處理的；或者找出幾種可行的處理方法，比較哪一種更加理想，然後可以試著獨立去解決問題。即使最終的結果不那麼理想，也是得到了鍛鍊，只要多做幾次，就能慢慢找到竅門。

既然工作中的壓力不可避免，那就要在平時注意為自己「減壓」，不論事情有多棘手，都要保持一份淡定的心態，這樣才能去尋找解決問題的辦法，也才能不用依靠別人就取得進步。

總問怎麼辦的人令同事反感

對於剛剛步入職場的女性來說，很多地方不明白、向老員工請教是很正常的。但有時，一些問題並不是必須要問的，完全可以靠自己思考著去解決。如果一味利用自己「新來」的優勢，不停地去打擾別人，那麼妳一定會發現，同事的表情會變得越來越不耐煩。這不能怪老員工，畢竟他們沒有教新員工的責任。而且，每個人都有自己的工作，總被打擾顯然會影響工作的進度。因此，新進職場，做為「菜鳥」的妳，在遇到事情時，不要總是下意識地向老員工詢問方法，全然忘記自己或許也能獨立解決。並且，妳應該知道，老闆給員工升職加薪，最重要的一點就是：員工能經由自己的努力做出成績，給他帶來效益。如果妳只是一味地尋求別人的幫助，即使問題解決了，自己卻沒有什麼進步，老闆看到的也是別人的能力，不會是妳的。妳沒辦法讓老闆看到自己的能力，在升職加薪的時候，他會考慮妳嗎？

楊文慧從學校畢業之後，進入一家公司擔任行政部經理助理。她其實是個挺有實力的人，但因爲一直秉承「學習別人」的理念，以致在日常工作中養成了遇事就先問別人的習慣。經理讓她準備年會上要頒發給員工的獎品，她會先問一句：「買什麼合適？」公司舉辦新產品展覽會，經理要她負責佈置展臺，她問過經理後還要問別人：「展臺上放什麼比較好呢？」別人都對她這種習慣弄得煩不勝煩，她自己卻渾然不覺。

直到有一天，楊文慧負責的報表上出現了一個資料錯誤，被打了回來，她又是先問經理：「經理，我該怎麼辦？」經理冷冷地看了她一眼，說：「楊文慧，我用妳是來爲我解決問題的，不是讓妳來爲我製造問題的，OK？還有，這項工作一直是妳在跟進負責的，現在出了問題，難道不是妳來解決嗎？爲什麼妳會問我『怎麼辦』？從今以後，我需要聽到妳跟我匯報的是工作的完成情況，而不是妳再來問我『怎麼辦』！」

沒有人不想出色地解決工作中的難題，沒有人不想得到上司的賞識與信任，但這一切都是建立在做出成績的基礎上。即使是職場新人，也應該懂得，妳不是「爲什麼」小姐，公司裡的老員工和

上司也不是「百科全書」。妳不厭其煩地詢問「爲什麼」、「怎麼辦」，不一定會得到妳想要的答案，反而會讓上司、同事覺得妳沒有能力，只懂得依靠別人。一旦妳給上司造成這種印象，妳的升職加薪就遙遙無期了。

總問為什麼，或許是妳壓力過大

工作壓力過大，可能讓妳變得過於敏感、誠惶誠恐，也可能讓妳失去冷靜思考的能力。既然壓力不可避免，妳就應該採取一些小方法來緩解壓力，給大腦一個思考的空間，這樣就不至於變成人見人「煩」的「爲什麼」小姐。

在辦公室，屬於妳的空間就那麼一點，不可能像在家裡一樣隨意放鬆身心。但是，辦公室也有一套適合的減壓隱形運動。現在簡單介紹幾種辦公室減壓小妙招，讓妳擺脫壓力的「魔咒」，做回灑脫、幹練的自己。

一、**放鬆眼睛**。辦公室一族經常長時間地對著電腦，眼睛承受的壓力不亞於大腦。坐在座位上，閉目轉動眼球，先順時針轉動六次，再逆時針轉動六次；然後睜開眼睛向窗外眺望二至三分鐘。

二、**放鬆肩頸部**。經常坐辦公室的人最容易得頸椎病，所以，頸部的放鬆是十分有必要的。坐在椅子上，緩慢地用力挺胸，使雙肩向後張開，恢復原狀後再反覆做十至十二次；然後是聳肩動作，左、右肩各做十二次。既不用耽誤手上的工作，還能緩解頸部壓力，起到預防頸椎病和肩周炎的作用。

三、**放鬆腿部**。職場女性習慣穿高跟鞋，腳部承受的壓力可想而知。坐在椅子上，抬起腳尖，同時用力收縮小腿及大腿肌肉；然後用力抬起腳跟，小腿及大腿的肌肉保持收縮十五秒，然後放鬆。如此反覆做五分鐘，可以有效改善腿部及腳部的血液循環。

以上是身體幾個主要部位的減壓方法。這幾種小方法既不會影響到工作，還能有效減少身體的壓力，達到放鬆身心的目的。工作中壓力太大，會使妳變得沒自信，讓妳焦躁不安。所以，不論是在辦公室，還是在家裡，都應該掌握這麼一套減壓小方法，緩解自己的緊張情緒。

小資女職場小心眼

工作中遇到麻煩或問題時，不要手足無措，更不要動輒向別人求助。試著自己想辦法解決，妳的能力才會不斷提升。掌握一套適合自己的減壓小妙招，能夠幫妳緩解工作壓力，使妳找回自信，更好地表現自己。

第14忌
抱怨不離口 給自己樹立「怨婦」形象

記得魯迅小說《祝福》中的祥林嫂嗎？祥林嫂的遭遇無疑是悲慘的，無論是從小說中的人物角度，還是從作者的角度，都給予了她無限的同情。然而，如果換個角度看，祥林嫂其實挺惹人煩的，因為她過於愛抱怨，看見誰都要拉住抱怨一番，這樣的人很難討人喜歡。可以說，祥林嫂既是可憐之人，又有可恨之處。她的可憐之所以變成可恨，就是因為太愛抱怨。

抱怨，是一種情緒的發洩，但卻解決不了任何問題。當妳像「祥林嫂」一樣不厭其煩地抱怨、發牢騷時，其他同事正在努力地工作；當妳因抱怨而失去對工作的熱情時，別人正以極大的熱情投入到工作中，還做出了成績。上司不是瞎子，也不是傻子，有升職與加薪的機會，給誰是明擺著的。所以，妳應該停止那些無意義的抱怨，努力地工作，去改變現狀。

抱怨無用，沉默是金

抱怨，是將心中的不滿說出來，看似一種正當的發洩方式，但是，除此之外，抱怨並沒有任何好處。首先，抱怨之後，事情依然沒有解決；其次，抱怨容易惹人反感；第三，抱怨讓自己變得更加煩躁、苦惱。然而，不論是新進職場的人，還是在職場摸爬滾打許久的人，都免不了會抱怨：工作越來越繁重，人際關係越來越複雜……隨著職場競爭的加劇，生存壓力的加大，使得每個人的抱怨有愈演愈烈的傾向。但是，抱怨有用嗎？會讓事情變得更好嗎？

芳芳的主修是環境藝術設計，因爲畢業設計作品優秀，被老師推薦到了一家景觀設計公司工作。剛進公司的芳芳，被分配的工作是輔助老員工一起完成前期投標方案設計。芳芳以爲自己恭敬地稱他一聲「老師」，就能夠得到「一家人」的待遇。可是，職場有這樣的潛規則：教會徒弟，餓死師傅。儘管聽著芳芳叫自己老師，那個老員工還是擔心芳芳後來居上，取代自己的位置，所以只讓芳芳負責一些邊緣事務，不讓她涉及過多核心工作。

看到「老師」對自己明顯的「壓榨」，芳芳覺得委屈。於是，她找到經理，希望能讓她獨立負責另外的案子，經理說會考慮，但沒有同意。經理的敷衍澆熄了芳芳的工作熱情，她開始對公司、上司、同事有諸多抱怨，抱怨上司不信任她的實力，抱怨老員工對她有敵意。芳芳覺得，既然自己努力也得不到想要的結果，那麼努力還有什麼意義呢？於是，芳芳開始對工作敷衍了事。到了實習

期結束時，經理以經濟不景氣為由，辭退了她。臨走，經理送給芳芳一句話：「過多抱怨不會讓事情變得更好，與其浪費時間抱怨別人，不如努力去改變自己。」

抱怨無濟於事，尤其是在明爭暗鬥、利益為上的職場之中。職場中人，沒有不為自己打小算盤的。並非妳抱怨了、不滿了，就會有人來幫妳解決問題；相反地，抱怨只能讓大家覺得妳看不透事情的本質、思想不成熟，並且對妳的絮叨產生反感，最終遠離妳。

如果妳在工作中習慣了抱怨，妳的情緒就會慢慢變得很糟糕，看什麼都不順眼，以致同事們覺得妳難相處，上司認為妳難駕馭。如此下去，升職加薪的機會永遠不會輪到妳。況且，妳的抱怨能換來上司的信任嗎？妳的抱怨能夠換來同事間的友好關係嗎？答案是否定的。既然抱怨是徒勞無功的，妳的抱怨還有什麼意義？

沒人願意聽別人無休止的抱怨

祥林嫂遭遇悲慘，但她非但沒有得到同情，反而被人厭惡，主要就是因為她的抱怨。沒有人願意當「垃圾桶」，總是裝別人的一腔苦水，職場中人也是如此。妳像「祥林嫂」一樣發牢騷、抱怨時，有沒有考慮過別人是否願意聽妳說？他們有義務成為妳傾倒煩惱的「垃圾桶」嗎？每天的工作時間是固定的，每個人都有額定的工作任務，他們不會浪費時間，去聽妳抱怨來抱怨去；也沒有義務在妳抱怨時，掬一把「同情淚」。抱怨會成爲別人的困擾，引起別人的反感，畢竟，被人當作「垃圾桶」的滋味不好受。

劉佳是辦公室公認的「老好人」，誰有什麼不開心的事找她說，她就會幫忙找出解決辦法。於是，同事們遇到問題都喜歡對劉佳一吐爲快。可是，她最近卻遇到了一件很棘手的事情：隔壁座位的張小姐本來很有希望升職，卻在最後關頭被半路殺出來的「程咬金」奪走了職位，這成了張小姐的心病，每天不唸叨幾遍就覺得不舒服，而離她最近的劉佳就成了「最佳聽眾」。每天，在劉佳忙得焦頭爛額時，還要分神聽張小姐抱怨公司、抱怨搶她位置的人，沒完沒了。終於有一天，當張小姐又開始抱怨時，劉佳實在是忍無可忍，把手上的文件夾狠狠地摔在了桌子上，「夠了！如果妳眞的不甘心，麻煩妳去向經理提意見，跟我抱怨半點用都沒有！還有，麻煩對我『仁慈』一點，妳想說的這些，我實在沒時間也沒精力聽。」張小姐被劉佳突如其來的反應弄懵了，張口結舌半天，終於轉頭工作去了。過後，同辦公室的琳給劉佳發來了一封E-mail：「恭喜妳結束『垃圾桶』生涯！」劉佳只能苦笑不語。

怨天尤人不如奮力改善

職場是一個充滿競爭和壓力的地方，抱怨也像空氣一樣無處不在：抱怨公司苛刻的規章制度，抱怨老闆的魔鬼管理，抱怨做不完的工作，抱怨受不盡的委屈……一旦有一個人起了頭，很容易就能找到「志同道合」的人。這個時候產生的「凝聚力」、「向心力」，會比其他時候更一致、更強烈。

也許妳會認爲，抱怨不過是不良情緒一時的發洩，該工作時還是會努力工作，怎麼會影響到升職加薪呢？或許，偶爾的抱怨確實能夠得到一些寬慰，使壓力得到緩解；但是，如果抱怨成爲一種習慣，就會使妳的思想搖擺不定，對於工作也會由積極應對變成敷衍了事。長此以往，妳還能說抱怨不會影響升職加薪嗎？

彤原本是一個工作盡心盡力的員工，即使公司有些不公平的事情發生，也從來沒有半句怨言。但就在三個月前，公司來了一個剛畢業的大學生依依。這個女孩最大的特點就是吃不了苦，剛來公司一週，就開始不停地抱怨這裡不好、那裡不好。慢慢地，大家都和依依疏遠了，但善良的彤不忍心也對依依表現出討厭的情緒，便每次都隨聲附和著，於是，依依就把彤當成了好朋友，每次有事情都和彤說。沒多久，辦公室的同事發現，原本不愛抱怨的彤似乎也被傳染了，每天一進辦公室就會先抱怨兩句，什麼路上堵車、辦公室太熱等等。她一抱怨，依依的話匣子也會打開，弄得辦公室一大早就沒有好氣氛。就這樣，抱怨成了彤和依依每天的話題，似乎哪裡都跟她們過不去。可想而知，她們的工作效率也每況愈下。沒多久，彤和依依同時被請出了公司。

從彤和依依的故事中，我們可以得知：妳也好，周邊的同事也好，如果只知抱怨而不懂得認眞工作，那麼不但工作能力不會得到提高，而且也不會得到被賞識、被認可的機會。更加可悲的是，只知抱怨而不努力工作的人，已經失去了跟別人競爭的資本，也只能被排在「出局者」的名單上。

抱怨的人不見得不善良，但往往會不受歡迎。抱怨，除了得到情緒上的發洩，不會有任何的作用，甚至還會間接斷送妳的前程。要知道，任何企業在對員工的要求上都是異曲同工的：能夠爲其創造利益，但卻不會無端抱怨。與其抱怨，不如面對現實，正視自己的工作。用努力工作去填補抱怨的空間，才有可能得到妳想要的結果。

小資女職場小心眼

不論是什麼樣的公司，沒有人會因為喋喋不休地抱怨而獲得晉升和獎勵。如果妳對公司有不滿或牢騷，就做個選擇：要嘛離開，到公司之外宣洩情緒；要嘛留下，停止無端的抱怨。要記住：與其抱怨不休，不如改變自己。

第15忌

包打聽

對什麼事情都好奇

好奇心重是一件好事，世界上很多發明、發現都是由好奇開始的。每個人都有一定的好奇心，對於未知的事物都有打探的慾望。但如果這種好奇心放錯了場合，就可能引起大麻煩。

女人不僅對購物著迷，對未知事物的探索慾望也很強烈。他人的祕密往往能引發她們的興趣，並樂此不疲的打聽著，從鄰居到朋友再到老公，無人能夠倖免。職場女性雖然幹練、精明，但也不能擺脫這一天性。一嗅到祕密的「味道」，好奇心便一發不可收拾，想盡辦法的探尋。但這種好奇心很危險，有時很可能因此讓自己「粉身碎骨」。

對別人好奇，到頭來害的是自己

女人的好奇心往往比男人更重，而且喜歡「八卦」，尤其熱衷於「辦公室八卦」，似乎別人的隱私有致命的吸引力，不知不覺就要去打探。大陸有部風靡一時的電影《好奇害死貓》，就是講述男男女女因爲好奇而鬼迷心竅，最後引發的一系列恐怖故事。其實「好奇害死貓」本是英文中一句有名的諺語，傳說貓有九條命，本不易折損，而最後恰恰是死於自己的好奇心，可見好奇心有時是多麼的可怕。

琳琳由於畢業成績優秀，順利地進入了一家大公司。這種大公司多的是勾心鬥角，稍有不慎就會惹禍上身。幸好「菜鳥琳琳號」還算聰明，對於同事間的利益爭奪，她選擇靠邊站，也不去爭，一心做好本職工作。這樣低調總不至於被排擠吧？琳琳如是想。

可是最近琳琳發現，一起進公司的大學同學姍姍總是鬼鬼祟祟的，上班經常遲到，午餐時間不見蹤影，下班第一個走，週末更是消失得無影無蹤。琳琳就想：她是不是有什麼事情？也沒有男朋友，在這裡又無親無故的，上學時也沒見她這樣神出鬼沒，現在這些奇怪的行徑是在忙什麼呢？哪天問問她吧！

於是，有一天，她就問姍姍：「妳最近都忙什麼呢？我想找妳逛街都找不到人，是不是交男朋友了呀？」姍姍聽到這話，非但沒有露出受到關心的欣喜之意，反倒眼神閃爍，顧左右而言他。琳

琳見狀，更加好奇了。終於有一天，琳琳忍不住偷偷跟蹤姍姍，這才發現，原來姍姍是在和公司的一個老員工談戀愛。

由於公司明令禁止辦公室戀情，違令者不僅要被辭退，還要繳上違約金，他們只好談起「地下情」。琳琳只是跟蹤也就罷了，還跑出來嚇唬他們。姍姍沒說什麼，承認兩人已經打算「隱婚」了；那個老員工卻沒有什麼好臉色，琳琳也沒當一回事，還想著，他正好是自己的部門主管，以後熟人好辦事。

誰知，這如意算盤還沒打多久，她就遭到了辭退，理由還很牽強。一直小心謹慎的琳琳不知道自己錯在哪裡，直到有一天，姍姍告誡她不要窺探他人的祕密，她才想到，原來想辭退她的不是別人，正是被她撞破祕密的那個部門主管。

所以說，好奇心不是可以隨便使用的。適當的時候有點好奇心，給自己探索未知事物的動力也

就罷了；可是要是用來窺探他人的祕密，那無異於是引火焚身。誰喜歡把軟肋放在別人手裡呢？精明的職場中人不會做這樣的傻事，還是趕快收起妳的好奇心吧！

別人的機密不是自己的麵包

很多女人熱衷於打探別人的隱私，將這種事做爲枯燥工作的唯一樂趣，似乎沒它不行。其實，別人的隱私跟自己毫無關係，那些從來不打聽別人機密的人，反而活得更瀟灑、更簡單。相反地，那些知道最多的人，往往也是麻煩最多的人。

因此，女人要記住：別人的機密與自己無關，更不是生活的必需品。沒有它，生活不會受到任何影響，反而還會更加健康。職場不僅容納各式各樣的人，還會滋生千奇百怪的事。其中有很多發生在妳身邊，稍加打聽就可以知道。但切記，並不是每件事妳都應該知道，也許妳是不小心發現了公司運作的內部祕密，但萬一出了紕漏，偶然闖入的妳就成了「代罪羔羊」。

王豔在公司一直勤勤懇懇，凡事不求有功但求無過，公司的核心事物也輪不到她來處理。可是最近幫老闆收拾辦公桌時，她無意間發現了一份關於收購其他公司的文件，基於好奇心作祟，她就看了下去。

但恐怖的是，她還沒看完，老闆進來了。王豔頓時很尷尬，老闆也沒說什麼，笑了笑，說保守祕密就讓她出去了。本來王豔沒把它當大事，後來只隱約聽說公司最近內部運作出了問題。王豔想：和自己也沒多大關係，只要不裁員就好了。

直到有一天，她收到了辭退信和律師函，才知道那天自己犯了多大的錯誤。原來公司祕密地調查了她，懷疑是她把收購情報出賣給了別家公司才導致競標未成功。最要命的是，王豔和競爭公司的部門主管是大學同學。雖然最後的結果洗刷了王豔的冤屈，可是她的職場生涯已經被抹黑了，原來的公司進不去，其他的公司不要她，只好委屈自己進了一家小公司。

有時我們也會遇到類似王豔這樣的事情，比如無意間聽到別人的談話或者不小心看了不該看的東西。如果所聽或所看到的，是與別人的利害或公司的機密相關的，那就要採取一定的措施，規避掉潛在的危險。

這時要分情況處理：如果沒有別人知道，那麼最好絕口不提，將這件事忘掉，即使出現不良事件，也不會有人怪罪到妳頭上。但如果很不巧，被別人知道了，那麼就要在和對方單獨相處時，假裝無意地提一下這件事，並暗示對方，自己永遠不會說出去。

在職場中，知道別人的祕密或者公司的機密，是一件「不祥」的事。如果妳是一個聰明的女人，就應該牢記：職場中的事，不該知道的還是別知道，更不要去打聽，就算是知道了某些機密事也要裝作不知道。千萬不要做引火上身的傻事，誰知道那些有心之士會不會背地裡「陰」妳一把。

老闆的「祕密」，只能躲，不能問

「老闆」這個詞，不光有很大的威懾力，還有致命的吸引力。對於員工來說，最想知道的就是這些成功人士的世界。因此，很多對辦公室機密鍾情的人，往往更熱衷於打聽老闆的「私密事」。可是，妳有沒有想到：公司裡誰最大？當然是老闆。公司裡誰最不能惹？當然還是老闆。老闆就是給妳飯碗的人，惹他不高興可眞沒好果子吃。

不要以爲妳只要勤懇地做事、在業績上取得成績就可以了。妳還得機靈點，聽到什麼關於老闆的流言、看到了老闆的私密事，可不要當作閒聊的話題炫耀給同事聽。他們可不會認爲妳和老闆很親近，因此顧慮妳、巴結妳；有些人甚至會把他聽到的回饋給老闆，讓老闆知道妳是個長舌婦。遇上個善良的老闆也就訓斥妳一下；遇到個肚量小的，還不得給妳點顏色瞧瞧？那種被排擠的滋味可是不好受。

菲菲來公司已經三個月了，工作水準屬於中上等，上司也很賞識她。最近，大家都發現菲菲多了些變化。

剛進公司時，菲菲屬於默默無聞的女孩，每天只安心做好自己的事情，從來不打聽公司其他人的八卦。同事們在一起聊天，開某人的玩笑，她從來不參與。

令她意外的是，大家反而更喜歡和她說八卦，因爲在大家的印象裡，菲菲的沉默讓她看起來不

像是那種會把祕密外洩的人。因此，菲菲不知不覺就積攢了一大堆八卦和祕密。

其實，菲菲的沉默只是表象。由於她剛來不久，擔心自己無法在公司安身立足，所以十分小心謹慎，不敢多說半個字。而實際上，菲菲上學時是個很八卦的女生，每天回宿舍後的第一件事，就是躺在床鋪上當「小廣播」，講述班上同學的私事給大家聽。

這次，菲菲一口氣憋了三個月，當然非常「難耐」。在她的工作水準一次次得到上司的肯定之後，菲菲放鬆了心情，開始尋求原有的樂趣。

一時間，辦公室八卦滿天飛，主要都是菲菲傳出來的。同事們對此極爲不滿，卻也怪不得她，畢竟是自己主動將事情透露給她的。

然而，有一天，菲菲不小心踩到了「地雷」。合作公司的吳小姐和老闆在辦公室「談事情」時，菲菲不小心闖了進去，卻發現吳小姐正坐在老闆的大腿上。菲菲嚇了一跳，趕緊道歉，然後溜了出來。事後，老闆觀察了一陣，發現菲菲並沒有透露自己的祕密，就放下心來。

然而，憋不住祕密的菲菲，看自己沒什麼「災難」，以爲日理萬機的老闆忘了這件小事，便忍不住將這個祕密告訴了同事莉莉。誰知道，菲菲忘記了自己曾經得罪過莉莉，莉莉很快就旁敲側擊地告訴老闆，自己從菲菲那裡知道了這件事。老闆爲此發怒了，菲菲也丟了自己的飯碗。

職場女性要學聰明些，老闆的桃色新聞，要裝作不知道，千萬不要成爲他這方面的心腹，萬一有個老闆娘發威，妳可就吃不了兜著走了。老闆的關係網，妳更是不要摻和其中，萬一有什麼利益糾葛，把妳當炮灰可就慘了。妳對老闆還是敬而遠之最合適，貌似親近又不觸及他的祕密，他不會把妳當終極心腹，覺得妳毫無威脅，這樣的關係不是很好嗎？

小資女職場小心眼

混跡職場，好奇心就像毒品一樣，一旦上癮帶來的只有傷害，所以，永遠不要去探究他人的祕密。不知道他的軟肋，才能維護自身的安全。尤其要注意的是，老闆的祕密是地雷區，妳只能躲避，千萬不要懷著試探心理踩上去。

第16忌
處處找藉口　推卸責任

在美國，卡托爾公司的新員工錄取通知單上印著這樣一句話：「最優秀的員工是像凱撒一樣拒絕任何藉口的英雄。」當一個人不願意做或不想做一件事的時候，他就會為自己找出無數的藉口。身處職場，推卸責任、轉嫁過失、拖延時間、自欺欺人等行為隨時隨地都在發生，而圍繞這些行為也會衍生出更多堂而皇之的藉口。比如，業績好時，恨不得自己包攬所有的功勞；業績不好時，卻把失誤推託在公司的管理制度或主管領導不力上。雖然，我們不提倡逆來順受，成為職場的「冤大頭」，時時處處為別人背黑鍋；但也不提倡膽小懦弱，把該承擔的責任推卸到別人身上。況且，妳應該明白，沒有任何一種藉口可以站得住腳，一旦被推翻，妳將會為之付出更大的代價。

不敢承擔責任的人得不到老闆的賞識

很多老闆在和犯錯誤的員工交談時，經常聽到這樣的話：

「不是我故意遲到，我每天都是這個時間出門，是今天路上堵車了。」

「這些東西我以前沒有接觸過，所以做起來有點不習慣；請再給我幾天時間，我一定能很好地完成。」

「我本來可以完成的，實在是最近我家裡出了一點意外情況。」

……

通常，這種常找藉口的員工，在老闆心裡的位置只會降低。從老闆的角度來說，他需要的不是找藉口為自己開脫的員工，而是將自身利益與公司利益捆在一起的員工。犯錯的時候，要勇於承擔，而不是一味找理由原諒自己。這樣的員工，得不到老闆的賞識，更不會被委以重任。

在面對老闆的苛責時，妳是不是還在為自己尋找藉口？妳是不是還在把自己的責任推到別人身上呢？如果是，那妳應該立即停止這種行為了。因為這樣做，雖然可以暫時免受責難，但實際上，也把老闆的信任一併「推」了出去。

在工作中，難免因某些客觀因素造成失誤或錯誤，但即便如此，妳也不能把責任推得一乾二淨。即使所有人都知道，是客觀因素造成了妳的失誤，妳也應該勇於承擔責任。因爲，職位的高低並不能說明一個人價值的大小，只有承擔的責任越大，價值也才越大。一個人只有具備勇於承擔責任的魄力，才會被上司、老闆委以重任。

在工作中勇於坦承錯誤、擔當責任，是一種可貴的品質，它所給妳的回報也會超出想像。在現代企業，管理者越來越看重那些勇於承擔責任的員工。任何事情都有其兩面性，勇於承擔責任也不例外。表面上看，妳把責任攬到身上，是愚蠢、幼稚的表現，還很有可能會受到批評與苛責；但從長遠來看，妳的承擔其實是一種成熟的表現。

勇於承擔責任是將自己變優秀的法寶

並不是所有的人初進職場就能被委以重任，都是經過長時間工作的磨練與考驗之後，才會得到重用。在這段考驗的時間內，不要以自己不被重用爲藉口，就不努力工作；相反地，妳更應該從自身找原因，把握時間努力提升自己。等眞正擁有了自己的價值與口碑，老闆、上司想不重用妳都難。

冰冰工作經驗不足，只能在一家公司裡做小助理。她總是對自己的工作叫苦連天，一有機會就向朋友大吐苦水：「我們主管從來就不關心我這樣的職員，每天只讓我泡咖啡、影印文件，一遇到重要的工作就沒有我的份。我的心情糟透了，與其被這樣忽視，還不如哪一天我拍拍屁股走人呢！」朋友告訴她：「既然妳已經決定離開，不如這樣做：妳首先瞭解一下公司的文化特點、核心技術，然後把公司的相關背景、組織結構都弄清楚，當然妳還可以趁著不忙的時候，把修理電腦或安裝軟體的本領也學會。等妳在這個免費培訓班裡把所有的東西都學會了，妳再離開也不遲。」

接受了朋友的建議之後，冰冰開始在公司悄悄地學習。一年之後，朋友跟她說：「現在妳已經學得差不多了吧？是時候辭職了。」可是冰冰卻告訴朋友：「其實早在半年前，主管就開始對我另眼相看了。現在不僅會交派我很重要的工作，還給我升職加薪了。」

朋友說：「我早就知道會這樣。以前的妳，明明沒有能力，卻從來不想多學習來提升自己，只想著向主管要求更多的東西。現在，妳因爲努力和學習，使自己變得出色，主管當然會對妳重新認識並重用妳了。」

不得老闆青睞，工作中出現失誤，太多的人總是會怨天尤人，而不是從自身找原因。只有那些勇於正視自己，勇於從自身找原因、承擔責任的人，才能在自省中發現不足，進而改變自己、提升自己，才能讓自己擺脫藉口，得到老闆、上司的青睞與重用。

相對於男人來說，女人的擔當性要稍差一些，這可以理解。但如果妳身處職場，還要一味找藉口、推卸責任，那就不太明智了。有些女人也許會說：「我其實並不想推卸責任，但我就是忍不住。每次老闆問起，我就不知不覺地找藉口。」面對老闆的責問時，員工肯定會存在不同程度的緊張，因此，藉口也就脫口而出了。藉口產生的原因雖然可以理解，但總找藉口的結果就不那麼樂觀了。總找藉口的員工，在公司的地位和前途是十分堪憂的。那麼，如何改變這種愛找藉口的習慣呢？以下幾點也許對妳有所幫助。

第一，職場女性要有清楚的認知：在職場中，任何藉口其實都是在推卸責任。在責任和藉口之間的選擇，體現的是一個人的工作態度及擔當能力。出現了問題，尤其是難以解決的問題時，可能會讓妳害怕、懊惱，但一定不能推卸責任。勇於承擔責任的人，才會讓老闆刮目相看。

第二，如果忍不住要找藉口時，就乾脆說「我不知道」或者「我不會」。相對於直接說「我不知道」，找藉口的做法更容易讓老闆火冒三丈。如果妳對一件事情實在搞不清楚，或在不知情的情況下犯了錯，那就趁早告訴老闆妳是「不知者」。要知道，任何藉口都是不負責任的，如果實在無法勝任或者不知情，那就直接表達出來，千萬不要以各種藉口推託。

第三，找藉口千萬不可形成習慣。找藉口是一種不好的行爲，一旦形成習慣，工作就會變得拖遝、沒有效率。有句話說得好，與其找藉口，不如找解決問題的方法。當妳遇到難題時，不妨試著去解決它。到頭來，妳會發現，原來找方法比找藉口要舒服得多。

第四，責任來臨時，視服從爲美德，大大方方接受它。優秀的員工，一定有優秀的服從力，服從是行動的第一步。在一個團隊中，如果下屬不服從上級的命令，總是以各種藉口推託，那將會使整個團隊失去戰鬥力。相反地，如果每個員工都有超強的執行力，那麼整個團隊必然能夠勝人一籌。

藉口通常由謊言構成，沒有一種謊言能夠長久。也許在妳說謊時，妳的表情或動作已經洩露了祕密。當妳表現出不誠實的品質時，妳就無法與人長久相處。因爲不誠實的人是很危險的，老闆既不會讓這樣的人接觸重大任務，也不會將其長久地留在公司。不找任何藉口，就是對說謊最好的預防。不論何時，善於找藉口、推託責任的人，其實是在束縛自己：尋找藉口，就是不願意承擔責任；不願意承擔責任，就是害怕失敗；害怕失敗，就永遠不會有成功的一天。善於推託責任的人，其實根本不能眞正推卸掉責任，而是把責任更沉重地背在了身上，在升遷的路上走得更加吃力。

小資女職場小心眼

責任面前，懦夫會選擇視而不見，或者推到別人頭上；只有真正勇敢的人，才會擔起自己的責任，也才具有更大的價值。責任面前，要勇於尋找突破口而非藉口，妳才能更快進步。幫上司承擔責任，其實是為自己的發展買單。

第17忌
炫耀成績一點榮譽就沾沾自喜

每個人都喜歡聽讚美，那代表別人對自己的認可。聽完讚美，職場女性在心裡偷偷樂一下就行了，千萬不可洋洋得意，更不能表現出一副比誰都厲害的樣子。要知道，職場中人才濟濟，有能力者大有人在。如果妳急於表現自己，鋒芒畢露，那麼，妳早晚會為自己幼稚的行為付出代價。在職場，沒有才能不能立足，但拼命炫耀才能的人，同樣難以立足。職場女性要適當掩飾自己，以免成為眾矢之的，不要有點成績就沾沾自喜。

即使再高興，也要保持低調

被人誇獎當然是件值得高興的事，但很多女人不懂得藏匿自己的心思，將高興全部表現在臉上，連走路都輕飄飄的，這就犯了職場大忌。職場並不是一個接受他人讚美的舞臺，而是一個暗鬥洶湧的名利場。職場中人都是承受著生計的巨大壓力、在這裡謀求一席之地的。妳做得好，證明了自己的工作能力，獲得了上司的賞識，那只是妳自己的喜事，對其他人來說，妳的成就與他們無關；如果硬要扯上關係，就是妳將別人比得平庸無奇。而職場女性之間的嫉妒心，會燃燒得比火焰還旺盛。因此，妳越是快樂，別人的心中就越有壓力。妳毫無顧忌地表露喜悅，就等於對妳的同事進行了打擊。人在挫折的壓迫下，往往能表現出非凡的戰鬥力，一旦妳的同事將妳視爲目標，那妳很快就會感受到前所未有的壓力，甚至是被超越的危險。

吳欣是一家大公司的人事主管，雖然職位不太高，但是她在這裡卻工作得很開心，其中一大原因是，她是這裡人緣最好的人。但是，半年前，吳欣還在爲自己的人際關係苦惱，甚至一度想要辭職。半年前，吳欣來到公司的人事部門，工作了三個月後，依然一個朋友也沒有，而且大家都有意無意地躲著她。這是什麼原因呢？原來，吳欣是個喜歡炫耀的「小孔雀」，一有點成績，就迫不及待地宣揚出來，神采飛揚地等著別人來讚美。她每天都吹噓她在工作方面的成績，哪怕是上司稍微誇獎了她兩句，也要樂顛顛地跑去告訴同事。

開始時，同事們還能假裝高興地稱讚一番；後來，稱讚變成了哼哼哈哈的應付；最後，大家給吳欣的只有沉默了。最要命的是，吳欣發現有些同事開始對自己表現出不滿，每當自己得到點榮譽時，他們就很不高興。爲此，吳欣十分苦惱，忍不住回家向老公吐苦水。吳欣的老公一語道破了其中微妙：妳得意時，怎麼就沒想到那正是別人失意的時刻呢？如果想要別人喜歡自己，最好就是少說話多做事，有了榮譽千萬不可到處聲張。吳欣覺得老公的話很對，之後在公司便很少提起自己的事情。即使是和大家閒聊、被別人問起時，她也只是笑而不語。同時，吳欣也開始注意傾聽別人說話，學著站在別人的角度考慮問題，還會給出適當的建議。不久，吳欣的人際關係慢慢變好了。再後來，大家都喜歡和吳欣分享自己的事情，她的朋友也越來越多了。

吳欣的遭遇說明了一個道理：人總是對自己的事情更感興趣，更喜歡表現自我，而不是一味傾聽別人，做一個配角。卡內基說過：「專心聽別人講話的態度，是外面能給予別人最大的讚美。」而德國也有一句諺語：「最純粹的快樂，是我們從那些我們羨慕者的不幸中得到的那種惡意的快樂。」因此，我們對於自己的成就不要過於在意，更不能表現出沾沾自喜，要適當保持低調。

得到點榮譽就滿足，會給整個人減分

淡然是一種境界高遠的生活態度，不是每個人都能做到的，尤其是心思細膩、天生敏感的女人，要求做到「不以物喜、不以己悲」是件很難的事。但我們必須學會在某些場合讓自己有所約束，在職場中就是這樣。獲得榮譽時，要表現得恰到好處，稍微展露些興奮即可。如果一味洋洋自得，難免會讓人側目，不僅覺得妳胸無大志，還會讓自己成爲被疏遠、被孤立、被競爭的對象。

阿康是一個快樂的女孩子，開始工作後還是保持著樂觀的精神，因此很多同事喜歡和她在一起。此外，令大家感覺更舒服的是，阿康從來不炫耀自己，即使取得了成績，也總是淡淡一笑，並不當大事看。然而，後來發生的一件事，讓阿康的態度有了變化。阿康進入公司後表現一直不錯，上司看她成績出色，爲人也很謙虛，就將她提升爲所在小組的組長。小組組長其實並不是一個很高的職務，薪水沒有太大變化，職位也幾乎和普通員工持平，只不過多了一些傳達任務的職責。然而，阿康卻覺得自己比其他人高了一階，不可同日而語了。接到通知的那天，阿康就趾高氣昂地進了辦公室，並且整個上午都在交代辦公室的日常工作和規章制度，開始還有關係不錯的同事和她開玩笑，但她總是嚴肅地反駁。大家見她越說越認眞，只好默默聽了起來。

中午吃飯的時候，阿康照例和大家坐在一起，但是架勢卻明顯和往常不一樣了。言談之中，也讓人感覺她很自豪。雖然沒有明說，但每個人都聽得出來，她在極力將話題轉到自己「升職」一事上，並企圖聽到大家的讚美。大家勉強應付了幾句，阿康果然樂開了懷。從那之後，阿康臉上每天都寫著「小組長」三個字來上班，大家也越來越遠離她了。同事們還在背後悄悄說，阿康本來爲人那麼謙虛，讓所有人都覺得她品格很高，現在一看，她也就是個有點成績就翹尾巴的小市民。

雖然同事們能夠和妳在「太平歲月」和平共處，但不代表在困難來臨時能和妳並肩奮鬥，更不代表在榮譽面前能和妳坦然相對。當妳獲得榮譽時，很難要求同事能眞心地爲妳喜悅。非但如此，當妳顯示出一副非常得意的樣子時，他們還會在背後非議，進而使自己的內心平衡。因此，最好的應對辦法就是：即使獲得了再大的榮譽，被大家捧上了天，也要裝作不太在意的樣子。當妳眞的這樣做時，不但能減少同事心中的妒意，還會讓自己受到大家的尊重。淡泊名利，是職場生存術中至關重要的一項。淡然的人往往有著寬廣的眼界、博大的胸懷，他們不追求表面的虛浮，卻總能在關鍵時刻發揮出驚人的力量。即便沒有那麼多「關鍵時刻」，這種人格在別人看來也是高貴的。

一山還有一山高

取得點榮譽就沾沾自喜的女人，不但會被上司和同事討厭，還會很快成爲被追逐、被競爭的對象。要知道，一山還有一山高，如果別人卯足了勁追趕妳，那麼妳很可能就會落於人後。到那時，曾經得意的妳恐怕就要失意了。

津津是個努力、認眞的女孩，工作能力也值得肯定。但是她有個缺點，就是比較「清高」，覺得自己比任何人做得都好。有一次，津津的銷售業績拿到了部門第一名，老闆在公司大會上對津津進行了表揚，同事們都對津津投來了羨慕的眼光。但津津不但沒有絲毫的謙虛，還表現出一副「我的確很厲害」的神情，並且在後來的工作中，更不屑於與同級別的同事交談。慢慢地，津津發現同事和自己疏遠了，越來越少有人主動跟自己說話。而津津後來也拿過幾次第一名，但老闆卻再也沒有表揚過她。津津心裡正在不平，就又發現，幾個本來業績一直不如她的同事變得十分賣力，幾度超過了她。津津漸漸沒了往日的優越感，甚至覺得有些「抬不起頭」，每天一副灰頭土臉的樣子。

顯然，案例中的津津是個不會隱藏自己情緒的人，高興與否全寫在臉上。而有點成績就沾沾自喜、以爲別人全不如自己，一旦不順又垂頭喪氣、失去自信的表現，又顯示了津津不夠成熟、沉穩。這樣的人是難成大事的，既無法得到同事的尊重，也很難得到老闆的重用。因此，職場女性一定要汲取津津的教訓，不要有點榮譽就將尾巴翹得高高的，表現出一副很驕傲的樣子。也許妳一時的虛榮心可以被滿足，但卻會給自己惹來不必要的麻煩。

當受到表揚或者獲得榮譽時，要少說話，更不要自誇。如果實在壓抑不了興奮的情緒，就想想那些比自己級別更高、能力更強的人。千萬不要目中無人，否則妳將很快被大家疏遠並超越，而被超越後的下場也將十分難堪。

小資女職場小心眼

同事可能和妳成為共同努力的盟友，也可能是妳不可或缺的合作夥伴，但卻不可能是甘心烘托妳的人。一旦妳的光芒蓋過他，他就有可能反過來給妳「掣肘」。職場女人一定要明白這個道理，無論何時都要低調行事。

第18忌
鋒芒太過　壓蓋上司

有些女性認為，只要自己能力高，就能在職場中穩穩佔有一席之地。因此，她們在工作中極力表現自己，努力將最好的一面展現在上司和同事的面前。然而，想要成為職場達人並不容易，光靠高超的能力是不夠的，誰知道妳的鋒芒畢露會不會礙了他人的眼？如果和同事搶風頭，對方最多在背後搞鬼，妳挺挺也就過去了；可是要是妳一不小心比上司都出色了，妳的職場命運就堪憂了──上司怎麼會放任妳超越他呢？極可能會想盡辦法把妳打回原形：人前排擠，人後刁難……如果再有幾個壞心眼的同事見縫插針，妳就難以翻身了。所以，在職場中，還是保持低調點好。

上司是永遠的發光體

幾乎所有的女人都喜歡被別人眾星捧月的感覺，尤其在家裡時，希望家人能夠圍在自己身邊，由自己來控制別人的行動。這是典型的控制慾旺盛的表現。職場中的妳是一個「權力控」嗎？如果妳是，可要注意了，職場可不是妳家後花園。妳在家對老公發發威，一不高興罵孩子幾句，沒關係，他們是親人，都能包容妳；可是妳要是想在職場裡「撒野耍老大」，妳就挑錯地方了，同事憑什麼要買妳的帳啊？就算是妳有業績，也不可沾沾自喜，上面可還有「太上皇」呢！千萬不要無視妳的上司，妳搶他風頭，他就會毀妳飯碗。

有個成語叫做「功高蓋主」，無論在古代爲官，還是現代在職場，這都是大忌。在古代，君主是至高無上的，擁有天下和萬民，做臣子的最忌諱名望或風頭蓋過君主。比如說韓信，他的功勞大過劉邦，說明他的能力也大過劉邦，那麼老百姓會更服從他而不是劉邦。當然，劉邦也是這樣認爲的，他怕有一天韓信會取而代之，於是最後將韓信處死。現代職場中，「功高蓋主」雖然不會讓妳丟了性命，但丟掉飯碗卻是十分有可能的，至少，妳晉升的步伐不會因此而加快，反而會被妳的鋒芒扯後腿。

阿笛是個很有抱負的女孩，進了公司就千方百計地出風頭引起老闆的注意，甚至把自己的部門主管當作「人梯」，結果遭到主管的打壓，被調到一個冷僻的部門，再也沒有得到重用。最後，她

只得辭職另謀他就。和她同時進公司的媛媛，也是一個有能力的女孩，由於負責一個專案時嶄露頭角，成爲高層關注的新進人才。她的主管感覺很有壓力，好幾次對她說：「妳眞能幹，不如我向管理層推薦妳負責部門的工作吧？我做妳的下屬。」每次上司這麼一說，她都極力地推辭，並保證一定會盡力跟她一起把部門的工作做好，還謙虛地告訴上司：自己的能力有限，無法獨當一面，需要上司的指導。這樣一來，雖然媛媛沒有得到舉薦，但和上司的關係變得非常融洽，上司對媛媛的戒心明顯小多了，什麼事情都找她參與決策。一年後，上司心甘情願地向管理層舉薦了媛媛，讓她得到了晉升。

渴望得到晉升本是人之常情，但如果爲了晉升而鋒芒畢露，搶了上司的風頭，就得不償失了。眞正的聰明人從來都是低調內斂的，他們懂得在上司面前示弱，與上司相處時也會把握好尺度，不會恃才傲物，甚至和上司搶風頭，這才是職場中的大智慧。

案例中，媛媛的做法顯然要比阿笛高明得多。即使眞的很有能力，若過分顯示自己，那最終的結果往往適得其反：不但得不到上司和同事的肯定，還會因此令人反感。因此，想要在職場中做出成績，不僅需要高超的工作能力，還需要一顆玲瓏剔透的心，其中最要注意的就是和上司的關係，他可是妳的「衣食父母」。所以，上司的心思妳必須要猜，但這種猜不是要妳摸透他之後就和他談天說地，來個職場遇知己。開玩笑，他的心思怎麼願意被妳猜到？那種感覺豈不是像在妳面前沒穿衣服一樣，那他還拿什麼命令妳？要妳這麼精明的下屬，豈不是搬起石頭砸自己的腳？他必然會找機會打壓妳。

做爲一個聰明的下屬，最正確的對待上司方式是：讓他感覺貼心，但不和他交心。當他需要什麼檔案時，妳要整理好交給他；當他要出門談事情時，妳要準備好需要的資料；如果他不擅長文字書寫，那麼妳要做他的「槍手」……總之，妳要擦亮眼睛，在這些看似很小的細節上逐步收服上司的心，他才會在工作中對妳照顧有加。

認為自己比上司有能力是最愚蠢的

職場中，身居高位者並不都是靠能力和心計上位的，可能妳的上司就是一個咬著「金湯匙」出生的「靠爸族」。這種人本身沒什麼能力，偏偏要做出一副什麼都會、什麼都懂的樣子，令人看了就火冒三丈。假如妳因此鄙視他，有事沒事在背後嚼他的舌根，那可就是把自己往火坑裡推了。就算是個沒有業務能力的「草包」，只要是妳的上司，他就有制裁妳的權力。

所以，對於這類上司，妳要打起十二萬分的精神。他業務不行，妳就做他的得力助手。妳成了他的心腹，也是穩固他的地位，他感謝妳還來不及，怎麼會打壓妳？對於這樣的上司，千萬不要存著鄙視之心，他們對於瞧不起他們的人，下手往往是又黑又狠。

因此，混跡職場的女人，要在心中確立以下幾個堅定的原則：

首先，態度上一定要端正，要認清形勢。無論妳的上司多麼無能，他就是上司，妳就是下屬，妳不能改變而且必須面對。

第二，行動上要低調。職場女性千萬不能高調行事，尤其是在「靠爸族」手下做事。「靠爸族」上司通常無法忍受下屬高調，因爲他們本身需要保持高調來掩蓋自己較淺的能力。妳一旦表現得高調，就很容易把他們比下去。因此，低調永遠是最重要的原則。

第三，凡事按照規矩來，切勿往自己身上「攬功」，更不可讓上司下不了臺。有些人覺得「靠爸族」上司做不了什麼正確、高明的決定，有事時就乾脆越級彙報，期望自己這匹千里馬能夠被眞正掌權、做實事的伯樂發現。但後果最多也就是給妳加薪，級別升高，要把妳換到比原來上司還高的職位根本不可能。到時候，妳就只能「吃不了兜著走」了。

搶「勞」而不搶「功」

混跡職場的人都有這樣的體會：在同一個辦公室工作，做得不如別人好是很丟臉的事。同樣的，如果妳的成績超過了上司，那麼他豈不是會更覺得丟臉？所以，即使立了功，也絕對不能居功自傲，獨享榮譽，而是要恰到好處的把功勞讓給上司。

自古以來，做臣子的，最忌諱的就是自表其功，凡是這種人，十有八九都沒有好下場。喜好虛榮，愛聽奉承，往往是上位者的通病。「伴君如伴虎」，這是古人總結出來的至理名言，如今用在職場上也不爲過。所以，要學會明哲保身，把功勞讓給上司才是明智的選擇，是穩妥的自保。官場上如此，職場上也是如此。

阿美在一家廣告設計公司工作，專業能力很強，進來一年就爲公司獲得了一個創意大獎。可是她發現獲獎之後，上司明顯地不給她好臉色看，很多同事也不愛搭理她了。後來，一個關係不錯的同事告訴她：「是妳自己鋒芒太過了。獲獎作品署妳的名也就罷了，畢竟是妳出力最多；公司舉辦的慶功宴上，妳千不該萬不該，不該不提我們經理的功勞，弄得他像是把事情都交給下屬做了似的——雖然他一直是這樣做的，可是妳也不能道破啊！我們經理當時旁敲側擊的說他要努力了，不然早晚被下屬搶了飯碗。妳說他能不給妳點顏色瞧嗎？」阿美這才恍然大悟。

和上司相處，一定要尊重他的權威，不要恃才傲物，居功自傲，那樣會成爲上司的「眼中釘」。工作中取得了成績，機靈的人懂得將榮譽歸於上司，把鮮花送給上司，把眾人的目光引到上司身上。這樣做，不僅會讓上司把妳當成自己人，還能免遭同事的妒忌，豈不是一舉兩得？

小資女職場小心眼

功高蓋主無異於自掘墳墓。混跡職場，妳要懂得收斂光芒。能笑到最後的才是聰明人，不要逞一時之快。多做一些實事，給上司多留一些功勞，不久妳就會嚐到甜頭。

第19忌
做「出頭鳥」遇事喜歡衝在前面

有句話叫做「槍打出頭鳥」，說的是一些總愛出風頭的人，往往會給自己招來麻煩。在職場中，「出頭鳥」就更不少見了。因為職場的特殊性，決定了只有成績優異的人才能獲得提升，因此，有些職場女性愛在工作中表現出「我比別人都厲害」的架勢。這在初入職場的新人中普遍存在，在一些職場老人中也不少見。渴望脫穎而出是每個人的心願，也是可以理解的；但是，如果方法不正確，只一味希望「出頭」，那麼妳遲早會為此第一個吃到「槍子」。

槍最先打的是「出頭鳥」

將自己的才能展現給老闆和同事看，本不是一件壞事。但職場是個利益紛爭較多、人際關係複雜的場所，妳在展現自己的同時，不免將別人比了下去。這樣一來，妳會就成爲大家關注、追趕的目標，還會成爲辦公室的「代表性人物」，有比較難的工作時，大家就會將目光轉到妳身上。這樣一來，妳就會變成那個總幹難活、累活的人，豈不是太得不償失了？

還有一些人，出於對工作的不滿，喜歡有事沒事發牢騷，自以爲說出了大家的心聲。雖然可能因此獲得同事的讚賞，但在老闆面前恐怕就要吃不了兜著走了。因此，職場女性一定要牢記：既然已步入職場，就應該融入公司的文化中，不要妄圖改變公司的規定，不要總感覺自己有道理。在公司當異類絕對沒有好處，強出頭的椽子一定先爛。

在春節假期的前一天，一家公司的員工們收到了一封由公司經理發出的信，信中闡述了公司對於員工加班的一些說明，並表示，員工在節日期間的加班工資按照正常工資來支付。這封郵件讓所有的員工都憤憤不平：明明在法定假日加班，公司需要支付的加班費應高於平時的工資，這種薪酬支付方式實在太過分！接著，辦公室一片沸騰，大家紛紛抱怨。但是，所有人都只是在小聲嘀咕，沒人敢站出來大聲指控。這時，公司的主管林立做了一件讓所有人跌破眼鏡的事：她公開對郵件進行了回覆，表達了對公司剝奪員工權利的憤怒，同時擺出了一些其他公司的加班制度，通過鮮明的對比來表示抗議。此郵件一群發，立即成爲全公司上下談論的焦點。群情洶湧的反對意見令公司管

理階層坐立不安，經理很快將林立嚴厲訓責一番。兩個月後，公司找了一個藉口就將林立開除了。

像林立這樣的「出頭鳥」在每家公司都存在。建議這些「出頭鳥」該說的說，不該說的別說。如果不滿情緒過於強烈，還不如趁早另尋出路。職場女性應汲取林立的教訓，提前給自己打預防針。一旦妳戳破公司的短處，管理者必然會殺一儆百，對「出頭鳥」痛下殺手。

所以說，要當職場「出頭鳥」，需要的不只是勇氣，更需要策略、計謀及時機，盲目當「出頭鳥」只會令自己敗走職場。

越有信心越要低調

有些職場女性的確很有能力，總能將工作做得十分完美，使她想不「風光」也難。這種人通常會對自己的「出頭」表現出兩種態度：一是仍將自己視爲普通員工看待，對於別人的讚美聽聽則已；二是聽到別人的誇獎就沾沾自喜，覺得自己受之無愧。結果往往是，越是低調的人越讓別人敬佩，那些動輒沾沾自喜的人很快成爲「出頭鳥」，什麼事情都會交給她來做。

生活中喜歡出風頭的人並不少見，職場中更是如此。有些人樂於聽到別人的稱讚，覺得只有這樣，自己的才能才會被肯定，一旦被誇幾句就飄飄然忘乎所以。妳可要注意了，千萬不要走進同事的蜜語圈套，被人當槍使啊！

牛曉雲工作不到一年，由於所在的是家規模不大的公司，所以各項管理制度都不是很完善。天性活潑的她和老員工聊天時，也一起宣洩過不滿，什麼加班太多、獎勵太少、職員素質偏低、各部門運作不協調了……還眞說出了自己的一番見解。老員工聽了，大呼她說得有理，公司就是需要她這樣有膽識、有能力的人，牛曉雲被誇得飄飄然。後來，同事們極力慫恿她向公司上層反映。剛開始，她也建議大家一起「聯名上書」，但同事們都說：這可是個大功勞，可以幫助公司快速發展，哪個老闆不願意自己公司迅速壯大呢？牛曉雲覺得有道理，出於對老員工的信任，也想透過此舉讓老闆對自己有一些印象，於是就寫了一份建議書交了上去。不過牛曉雲的建議並沒有給她帶來好處，老闆最討厭員工自作主張，牛曉雲正撞到槍口上。一個月後，她以「莫須有」的罪名被炒掉了。可是她建議的措施卻被施行了，眞是「前人栽樹，後人乘涼」。

實際上，很多公司都需要「出頭鳥」，但需要的是爲公司解決問題的「出頭鳥」。與公司作對，反對公司制度，給自己帶來的只會是麻煩。每個公司在管理體系上都有自己的特點，不可能做到盡善盡美。如果牛曉雲提建議的舉動是按程序走的，一級一級呈報到老闆面前，也許她就不會被炒掉了，事情也有可能得到解決。勞倫斯·J·彼得說過：「最大的危險是妳不知道自己所處的地位。」任何職場中人都有一個「位置」問題，如果是初入職場的女性，更應該對自己有個清醒的認識。急於表現自己、讓公司盡早看到自己才能的心情可以理解，但如果操之過急，就會給自己帶來困擾。如果妳過於突出，將其他同事比下去，那麼妳的路會越走越窄，行動也會越來越受到排斥。

這時，即使公司看到了妳的才幹，並有心培養妳，也會充分考慮到其他員工的感受。畢竟，即使妳再優秀，只為妳一個人而失掉「民心」的做法還是不可取的。

另外，職場女性還需要注意的是：如果真的想在一個公司立足，那麼只要做好分內的工作、正常表現就可以了，千萬不要爭一時的面子，反而給自己減分。同時，沒必要過於在意別人的評價，畢竟成功靠的不是一、兩句讚美，而是長期的累積。只有不斷積蓄實力，才能在競爭激烈的職場中處於不敗之地。

無論何時都要讓自己以低姿態呈現

在職場中，無論妳得到了別人的褒獎，還是發現了別人的錯誤，都要盡量放低姿態對待。當得到別人褒獎時，如果妳放低姿態，那麼大家會認為妳是個謙虛、低調的好同事；在碰到別人的錯誤時，妳低調處理，當作沒事一樣，那麼大家會認為妳有風度、有修養，有得饒人處且饒人的智慧。相反地，如果妳高調成性，發現一點別人的小錯誤就大呼小叫，那麼只要一、兩次，大家就會遠遠地避開妳，甚至不再想和妳有工作上的交流。

阿穎剛進入公司的時候，覺得一切都很新奇，不管遇見什麼事，都喜歡吵著表達出來。當然，遇到別人的好事時，喊出來大家都沒有意見；但有時遇到了別人不該犯的錯誤，阿穎也會喊：

「嘿，妳這裡做錯了，不是那樣，應該是這樣。」所以，阿穎的人際關係如何可想而知。又有一次，同事讓阿穎幫忙列印報表。阿穎覺得這是個學習的好機會，便拖著報表仔細研究起來。不料看著看著，發現其中一個重要資料算錯了，阿穎不由大喊道：「溫小姐，快過來，妳犯了個大錯！」溫小姐漲紅著臉走過來，一把奪過報表，白了阿穎一眼就走了。阿穎原以爲自己幫別人發現錯誤，避免了更壞的結果發生，本應得到感謝，沒想到會是這樣的結果。從那之後，找阿穎幫忙的人更少了，甚至有些是阿穎分內的工作，同事們也寧願自己做。

職場中人無論碰到什麼事，都要記住一點：低調處理。新人更應如此。試想，如果妳是公司的老員工，卻被新來的人搶了風頭，或者遭到了新人的質疑，那無論臉上怎麼表現，心裡總會感覺下不了臺。尤其是在大家面前，會覺得更難堪，心裡不對那個新人反感才怪。因此，職場新人一定要將「不能挑老員工的錯處」當作一大原則。即使遇到必須提出質疑的情況，也要在私底下不經意地帶過，絕對不能嚷得人盡皆知，成爲得罪人還不自知的菜鳥。

小資女職場小心眼

秉承低調做人的原則，在職場中明哲保身，凡事不要強出頭，以免成為公司的「異類」、上司的「眼中釘」。強出頭的人，即使一時沒有受到不良影響，但最終會體會到強出頭帶來的致命危害。

第20忌 「老好人」做不夠的「和事佬」

有些女人個性隨和，遇到什麼事情都能心平氣和地解決，從來不願跟人起爭執。在朋友之間發生衝突時，這類人也會充當和事佬的角色，在中間調和、說好話。生活中，我們的確需要這樣的人，且這類人一般也有較好的人際關係。但如果「和事女」將這種習慣帶到了職場，就不見得是一件好事了。同事吵架時，主動站出來進行調解；同事互相詆毀時，欣然為對方圓謊……這樣的女人看起來熱心腸，總是為大家著想，想維持一團和氣的局面—妳好，我好，大家好；但實質上，這類女人往往是不堅持原則、一味地和稀泥的和事佬，最終導致的結果是—妳不好，我不好，大家都不好。

八面玲瓏不能證明人緣好

有些職場女性將「多一事不如少一事」當作理念，認爲勸好是比較討人喜歡的事，於是在別人發生矛盾，或者一方向自己傾訴另一方的不是時，總是保持一種勸和的態度，勸雙方息事寧人。但她們不明白這樣一個道理：職場是一個追逐利益的場所，大家都想追求更多、更好的利益，當利益受到侵犯時，一方的怒火便會引發口角。所以，在職場中，吵架、詆毀的行爲都是必然的，是利益不均衡的結果。如果妳一味勸和，必然會侵犯至少一方的利益，最後妳只能得到「吃力不討好」的效果。

還有一些職場女性喜歡攬事上身，明明沒人請自己出面，卻主動摻和進去扮好人。這樣做往往更糟糕。當聽聞吵架事件後，妳火速奔到現場，擋在中間，進行和解，對一方說：「妳就少說點吧！大家都是同事。」對另一方說：「退一步海闊天空，同事一場，多難得的機會。」這樣做的出發點固然是好的，但是，如果妳不知道他們吵架的原因，只一味地勸和，誰會聽妳的？即使妳知道了事情原委又怎樣？若要理虧的同事先「投降」的話，妳便會得罪這位同事；妳安慰那位得理的同事，要他想開點，他也不見得領妳的情，可能還嫌妳多事。到頭來，妳有可能成了「照鏡子的豬八戒」——裡外都不是人。

袁媛是一位人盡皆知的「和事佬」。每當同事發生不愉快時，她總是在第一時間趕到現場，將

手搭在同事的肩上，笑呵呵地說：「有什麼事非得要吵呢？大家有話好好說嘛！」剛開始時，大家都覺得袁媛眞是個大好人，有些爭執還眞因爲她這麼一勸便停息了。但後來，大家發現袁媛就是天生愛管閒事，熱心得有點太過頭了。

一次，同事阿曾因爲阿宋搶了他的客戶而和阿宋吵了起來。他們吵得正激烈時，袁媛介入了。她先是說阿宋：「哎，阿宋，別吵了，這是你的不對，人家的客戶你怎麼能說搶就搶呢？把客戶還給人家吧！阿曾找一個客戶也很不容易的……」阿宋一聽就火了，大聲對袁媛喊：「妳說什麼？臭婆娘，就知道管閒事！憑什麼要我給他，妳聽誰說那是他的客戶？難道妳和阿曾有一腿？給我滾！」袁媛見勢不妙，便對阿曾說：「阿曾，那客戶眞是你的嗎？要不然，你就讓給他吧！爲了一個客戶吵架值得嗎？」阿曾一聽也怒了：「什麼？要我讓給他？妳知道客戶多難找嗎？再說，那是我費了九牛二虎之力找來的大客戶，憑什麼讓給他？絕對不可能！」阿宋一聽到「讓」字，又火冒三丈：「妳敢再說一遍，什麼叫讓啊！客戶有自主選擇權，是他主動找我的。做人要有自知之明，不要沒有能力卻還逞強……」「逞強？狗屁！眞是賊喊捉賊……」兩人越吵越兇，袁媛夾在中間完全插不上話，只好走開了。後來，阿宋和阿曾在公司勢不兩立，而且兩人見了袁媛就都想罵。

袁媛眞是個「熱心狂」，那種吵架能去勸嗎？那是涉及當事人切身利益的事，哪一方都不可能讓步的。況且，與她又沒有什麼關係，她夾在中間攪和，只會讓雙方都更惱火，並且一致把氣撒到她身上，何苦呢？

事不關己，偶爾也要「高高掛起」

以前聽到「事不關己，高高掛起」的言論，未免覺得太過冷漠；但從現代社會看來，尤其是身處職場的人，還眞的應該具備這種素質。明哲保身也好、膽小怕事也罷，保持這種「冷漠」態度的人，雖然不會讓人太過喜歡，但至少不會惹禍上身。

在職場上，應該保持適度的「事不關己，己不關心」的態度，才不會引起誤會。如果妳總是對別人的事過於關心，很可能會讓人覺得妳別有用心。可是，職場人來人往，又不可能對他人的事毫不關心，否則會被認爲是鐵石心腸。所以，「事不關己，己不關心」是需要把握好場合和分寸的。應該做到待人和藹親切，善解人意，不搬弄是非，盡量息事寧人，但不能總是「和稀泥」。這些其實屬於人際關係中的中庸之道。

思思是個人見人愛的「職場寶貝」。她總是笑容滿面，對同事親切有加，爲人也比較大方，很少會去計較個人得失。同事們有困難請她幫忙時，她會在能力所及的情況下給予一定的幫助。但是，當同事們發生爭執時，她卻很少去摻和。在她看來，他們的事情跟她沒有關係，如果摻和了，反而會讓自己陷入兩難的境地。如果同事找她評理，她則會欣然介入，因爲這時事情跟她有關係了，如果她不管，就會得罪請她評理的同事。就這樣，懂得以中庸之道和同事相處的思思，得到了大家的喜愛。

案例中的思思是一個很聰明的女孩，她知道什麼事情該出手、什麼事情要適當躲開。聰明的女人就要學習思思這種智慧，在關鍵、適當的時候給予別人幫助，別人會特別地記住妳的好；在本來就一團糟的狀況下，遠遠離開，別人會佩服妳明智、懂理。

總扮演和事佬，難以交到真朋友

常在職場扮演「和事佬」的女生可能懷有這一種心理：我勸和是好心，大家應該會拿我當好朋友吧？事實上，「和事佬」確實不會輕易樹敵，但也並不如想像的那樣能交到很多好朋友。相反地，「和事佬」難以交到眞心的朋友。因爲在別人看來，妳對每個人都一樣，換句話說，在別人眼中妳多少有點虛僞，對誰都沒有付出眞心。試問，誰會對一個八面玲瓏的人付出眞心呢？只不過表面過得去罷了。因此，如果妳想在職場中能獲得眞正的朋友，就要收起「老好人」那一套，適當表現眞實的自己。要知道，在職場中，也是可以交到一輩子的朋友的。

青青第一天來公司時，由於人生地不熟，感覺很羞怯。中午吃飯時，一個叫珠珠的女孩熱情地來跟她打招呼，青青便逐漸和她熟識起來。對於青青來說，珠珠有一種親切感，於是在工作中有什麼事都會第一個找珠珠聊，而珠珠也總說一些中肯的話，勸青青不要太在意。起初，青青覺得珠珠雖然有些「和事佬」的感覺，但是說的也不無道理，確實自己應該在職場中放開心胸。但後來，青青發現，無論辦公室的哪個同事有了情緒，或者和別人起衝突，珠珠都會第一時間衝上前去勸和，而且說的話跟勸自己的幾乎無二。青青覺得有些傷心，便很少跟珠珠再說起自己的事情了。再後來，青青發現，其實每個人都和珠珠保持著不遠不近的關係，既不親密，也不冷淡，而珠珠有事需要幫忙時，罕見那些平時熱臉相迎的人伸出援手。

人不可能在每個人面前都很「好」，讓每個人都成爲自己的好朋友。如果貪多，只會落得一個好朋友都交不到的下場。

小資女職場小心眼

在職場中，選擇了一味當「和事佬」，便是選擇了最終成為「照鏡子的豬八戒」。為了明哲保身，女性在職場應持這樣的人際相處之道：和藹親切、善解人意；事不關己、己不關心。

第21忌

懶惰成性 工作能拖就拖

很多人從小就有做事拖拉的習慣，工作後，又將這習慣帶到了職場裡。然而，工作拖拉的後果卻要嚴重得多。在職場中，時間就是金錢，妳的薪水是以犧牲自由的時間為代價換來的。可是偏偏有這樣一類人，懶惰成性，凡事能拖就拖，拖到最後才去做。問她為什麼不盡快把事情做完，她還美其名曰：享受生活。這類人是不會被同事喜歡的。因為一個人的拖拉會影響整個團隊的工作進度，還會給同事們增加工作量，同事們自然不會喜歡。

「拖拉女」只能讓同事遠離

拖拉成性的人，不但得不到老闆的賞識，也會讓同事都避之唯恐不及。現在的企業都講究合作，工作若在某個地方卡住了，剩下的步驟就無法進行。如果一個人經常拖拉，那麼同事的工作必然受到影響，這個人也就必然無法得到同事的認可，更不用提喜歡了。同一個部門的工作量是一定的，如果一個人因爲拖拉做得很少，其他同事就要分擔本不屬於自己的工作，這種情況就更容易激發大家的不滿。所以說，步入職場的姐妹們，如果妳還像在家裡那樣衣來伸手、飯來張口，那麼必然是要餓死在職場中的。職場可不是妳家的後花園，妳想做什麼就做什麼。妳一做甩手掌櫃，馬上就會有人頂替妳的位置。就算妳的工作不忙，妳也不可以拖拖拉拉。妳的男朋友會主動幫妳工作，心疼懶惰的妳，但同事可就不會了。誰會願意無償完成多餘的工作？避之都還唯恐不及呢！

默默由於是家中獨女，從小就過著衣食無憂的生活。在大學時，生活又有男友照顧，這更加助長了默默的「公主病」。畢業後，她進入一家婚禮籌備公司。剛開始時工作不忙，倒挺符合她悠閒的個性，沒事情她就上網、聽音樂。就這樣，渾渾噩噩地過了三個月。到了四月，公司開始忙起來。默默平時懶慣了，一下子忙不過來，搞得焦頭爛額。幸好同事都很熱心，幫她度過難關。默默心裡開心地想：眞好，同事們都這麼好說話，以後有什麼事情找他們就可以了。於是，很多需要掌握的技巧她都不用心去學，依然悠閒的混日子，有什麼不懂的工作就推給同事去做。轉眼間，又

到了九月，公司又忙了起來。默默有恃無恐，看著同事們忙碌也不著急，心想：等他們忙完了，我就把自己的工作給他們做。等到事情不能再拖時，默默去找同事幫忙。可是這次同事們像商量好似的，都以有事爲由推託了，默默一下子傻了眼。業務搞砸了，老闆一氣之下就把她給辭退。

默默就是一個名副其實的懶女生，拖拉、懶惰的個性最終讓她自食其果。其實，不是說不能偷懶。工作本就很單調，妳可以苦中作樂，偷個小懶，但前提是妳得把工作完成。妳的工作完成不了，最後要同事幫忙，一次、兩次還會有好心人幫著妳，次數多了，誰還管妳？畢竟同事不是慈善家，沒有義務給懶惰的妳代勞。

拖拉帶來的損失只能自己承擔

懶惰是人的天性，在面對不感興趣的事情時更是如此。日復一日重複相同的工作，很難提起人的興趣。因此，會演變成拖拉的情形並不是難以理解的事。尤其是對於工作已經比較熟悉之後，就會漸漸產生厭煩、怠慢的情緒。有一項調查顯示，幾乎大部分職業的工作者都存在不同程度的拖拉習慣，而其中又以文字工作者和設計工作者表現最爲明顯。可見，拖拉已經不是一件罕見的事。

但是，可以理解並不說明拖拉可以被接受。試想，在磨磨蹭蹭之間，妳失掉了多少寶貴的時間呢？如果將這些時間加起來，妳的工作量能夠翻幾倍呢？妳的口袋又因此鼓起了多少呢？妳升職的機會是不是更大了呢？妳掌握的技能是否更多了呢？答案當然是肯定的。因此，一定要珍惜大好的時光，不要在拖拖拉拉中讓生命流逝，在平庸的職位上迎來遲暮之年。從另一方面講，如果妳的工作是比較自由的，不受限制，多勞即多得，而妳又恰巧有拖拉的習慣，那麼後果將是不堪設想的。不只妳的時間白白流失，妳的錢包也是要遭受重大損失。

康南在大學學的專業是室內設計，畢業後，她到了一家裝潢公司做起了本業的工作。剛開始，康南還很喜歡自己所在的公司，覺得有發展的空間。但慢慢地，隨著工作壓力的加大，康南開始不樂意了，她不喜歡每天被逼著去工作。相反地，她更喜歡自由。半年後，康南自認爲能夠獨當一面，又聽朋友說設計工作兼職也可以做，還比較自由，康南就動了心。沒多久，她從公司辭職，回家做起了自由職業者。剛開始時，康南還能夠認眞坐在電腦前工作。但後來，由於沒有任何約束，康南慢慢變得懶散了，而且做事越來越拖拉。有時候，康南甚至會一覺睡到中午，起床吃完飯後，再磨蹭著做一些別的事，直到下午才會坐到電腦前。

而電腦上眾多的新聞、遊戲又在不停地吸引著康南的注意力。有時朋友找康南聊天，或者是打電話找她出去，她就馬上放下手頭的工作，先去陪朋友。就這樣，本來兩週能完成的工作，康南總要拖上一個月甚至更久。跟康南合作的公司漸漸失去了耐心，不再找康南做設計。就連以前做好的設計，公司也以「拖得太久、客戶不滿」爲藉口，拒絕支付康南報酬。這時，康南反思自己辭職後的這幾個月，才發現自己的拖拉病眞是太嚴重了。摸著癟癟的錢包，康南不禁後悔起來。

很多人身上都有康南的影子，雖然已經是進入職場工作的成年人，但總是克服不了惰性，一些自由職業者更是如此。拖拉往往會帶來很多不利影響，因此，職場女性一定要改掉拖拉的習慣，讓自己免受拖拉之苦。

改變拖拉習慣，從現在做起

如果妳說妳這樣懶惰地活了二十多年，改不過來了，那妳就錯了，沒有生活習慣是改變不了的。二十一天形成一個習慣，只要妳堅持，奇蹟也是有可能發生的。當清晨的第一縷陽光灑入房間，妳不要揉揉眼睛繼續昏睡；當鬧鈴響起，妳不要把它扔到一邊。立刻起床吧！伸伸懶腰，今天又是新的一天，妳又可以開始新的工作和生活。當妳完成工作後正準備回家，突然又有工作需要完成，不要抱怨、不要拖拉，認真是妳成大事的態度。不妨加個班，讓明天輕鬆一些，打好提前量，會讓妳感覺壓力變小了。當分配任務時，不要挑肥揀瘦，把難題留給別人，與人爲善才能得到他人的支援，多做點事會學到更多東西。當妳對業務不熟悉，不要總想著明天去學，從現在開始努力，沒有那麼多時間給妳蹉跎……從現在開始改變，不再拖拉懶惰、不再依靠同事，那樣的妳才會更可愛，才能在職場中成就一番事業。下面有幾個克服拖拉的小技巧可以借鑑：

首先，不要一次給自己太多的工作量，否則十分容易因懼怕勞累而拖拉，開始時應該盡量一點一點地逐漸增加工作量。很多職場女性都有這樣的體驗：越是簡單的、容易完成的任務，就越有信心去做，往往不花什麼時間就完成了；而一些繁雜、龐大的工作，則總是讓我們皺眉頭，常常會想：我今天先做個計畫，明天再實施吧！如此一來，事情就被無限期地拖下去了。今天推到明天，明天推到後天，常常是堆積到最後，狠命地惡補才能完成。因此，要盡量將工作分散開來，不可積壓太多，最終導致拖延。其次，因爲想不到合理的解決辦法而產生的拖拉，也是很常見的。這時就建議妳走出去想辦法。每個人都有走入思路「死胡同」的時候，這時再花盡腦筋想也於事無補。不如就出去走走，理清一下思路，換個時間再來看問題，也許妳會豁然開朗。再次，給自己規定一個時間很重要，沒有時間限制，非常容易造成拖拉。要給自己設定時間，比如十分鐘、三十分鐘或妳覺得應該能完成工作的時間。要確保不能留太多的餘地，白白浪費不必要的時間。

最後，要記得在工作時消除所有干擾，對於容易受外界打擾的職場女性則更是如此。比如，選擇一個安靜的工作場所；如果使用的是電腦，則關掉容易分心的聊天工具；如果是自由職業者，就要在工作時確保不受電視機、音樂的影響……等等。

小資女職場小心眼

懶惰成性的人容易讓人厭煩，在職場中更是讓人避之唯恐不及。從現在開始勤快起來吧！不要讓自己在垂暮之年才後悔年輕時的不努力。其實，當妳真正開始做事時，會發現所有的事情都只是開頭難；一旦開始做了，就會形成慣性，能夠順暢地做下去。

第22忌
有功勞也不展現 吃力不討好

古人有句話叫做：「酒香不怕巷子深。」很多人奉為真理，用在職場中則表現得過於默默無聞，覺得只要自己有能力、肯努力，早晚會被老闆器重。但事實並非如此，「酒香不怕巷子深」的觀念畢竟已經過時了。職場女性要站在當今社會大環境下分析：在這個人人爭相出頭的社會，所有人都在急於將自己推銷出去，而絕非悶在深遠的巷子裡等待。因此，如果妳自認為是千里馬，就要主動一些，讓伯樂看到自己，並挖掘自己。

身處職場，很多女人以為埋頭苦幹、踏踏實實，就可以獲得老闆的賞識、拿到不菲的薪水。但苦幹良久，在加薪、晉升的名單中卻還是找不著她們的名字。原因很簡單，因為這些女人的工作沒有為老闆所知，而那些喜歡表現自己的員工就很容易獲得老闆的好感，進而順利加薪、晉升。所以，女人應該學會在老闆面前「秀」出自己的功勞。

妳的功勞應該讓老闆知道

很多職場女性都經歷過這樣殘酷的現實：在工作職位盡心盡職、任勞任怨，但公司每次加薪、晉升的機會來臨時，卻沒有妳的份。於是妳滿腹牢騷，大罵不公平，可是現實依然沒有改變。是啊，我們很多人都認爲，每個員工的努力都會被老闆看到，只要自己盡心盡職、任勞任怨地工作，就一定能得到相對的回報。但是事實告訴我們，很多老闆都有「近視眼」，雖然妳一直在爲公司擔當「拼命女郎」，老闆卻常常視若無睹。老闆的忽視固然有錯，可是也不能全怪對方，公司有好幾十人甚至幾百人，而老闆只有一雙眼睛，他怎能個個都兼顧得了呢？

雨芊進入公司的時間不短了。上班前，媽媽就叮囑她，除了做好自己的工作外，還要做一些能力所及的日常事務，把公司當作自己的家，這樣才能得到老闆的賞識。雨芊記住了媽媽的話，也照做了，但她一直以來都是在背著老闆的地方做，或者專挑老闆不在的時間做。她的理由是：在老闆面前做，邀功的嫌疑太大了，好像故意做來讓老闆看似的。就這樣，雨芊在公司待了一年多，老闆只覺得公司總是很整潔，卻始終不知道是誰做的。

其實雨芊的想法很沒有必要。我們做事，固然不只是爲了在老闆面前邀功；但讓老闆看到，是爲了避免做了事情又沒有「討」到好，等於白做。因此，即使老闆在眼前，也要自然地做自己該做、想做的事情。只要妳不是只在老闆面前做，想必沒有人會說閒言閒語。

大陸作家黃明堅曾說：「做完蛋糕要記得裱花。有很多做好的蛋糕，因爲看起來不夠漂亮，所以賣不出去。但是在上面塗滿奶油，裱上美麗的花朵，人們自然就會喜歡來買。」蛋糕因爲美麗的花朵而受到青睞，所以，聰明的女人也應該爲自己「裱花」，讓老闆知道妳的功勞。否則，就是再好吃的蛋糕，也是無人問津的。

別讓妳的默默無聞成就了他人

近年來出現了一個新詞，叫做：搶功小人，指那些經由不良手段將別人的功勞佔爲己有的人。據調查，當人們面對「職場被搶功」時，往往會採取以下幾種態度：幾乎四分之一的人會選擇不動聲色、默默忍受；有將近四分之一的人會直接找上級說明；有七分之一的人選擇以其人之道還治其人之身；還有少數人會選擇發動其他勢力一起反攻，或者乾脆直接離開。

上述解決方法都有一定的道理，但也並非完全正確。職場女性面對具體問題時，一定要理智、全面地進行思考。如果妳經過認眞考慮，覺得還有留下來的必要，那就要想辦法整治這些「搶功小人」了。畢竟，功勞不是總會有的，而那些不勞而獲的小人也是不值得原諒和包庇的。在職場中，同事之間的競爭非常激烈和殘酷，不是妳踩著別人往上爬，就是別人踩著妳往上走。所以，有人說，在職場中只有兩種人：一種是主角，另一種是跑龍套。主角踩著跑龍套發展，而跑龍套只能成爲主角的墊腳石。

在職場中，沒有哪個女人甘當跑龍套讓別人「發光」，但現實又讓我們不得不低頭，因爲主角只有少數。那麼，該如何不被埋沒在職場、不淪爲墊腳石而成爲主角呢？最重要的，就是要看緊、捍衛自己的功勞，不讓它被別人竊取、利用。

張然到一家時尚雜誌公司面試，被安排進企劃部工作。做爲新職員的張然工作非常認眞踏實，每天最早上班、最晚離開。張然擁有許多不錯的創意，她的企劃案總能得到小組長劉宇的讚賞。劉宇給了張然無微不至的關懷，如在張然忙得焦頭爛額時爲她端茶遞水，在張然加班時給她送便當、點心……這些讓張然非常感動。一來二去，張然便和劉宇成了無話不說的好朋友。但是，令張然想不到的是，劉宇根本不是想和她做好朋友，而是對她使用「友誼計」。一天，總經理要親自查看企劃部員工的企劃方案，而劉宇居然提前將張然精心構思的企劃案交給了總經理，並將作者的名字改爲自己。以致於張然將自己的企劃案交上去時，卻被總經理認爲是抄襲。張然頓時覺得五雷轟頂，劉宇怎麼會是這種人呢？這份企劃案構思極爲新穎，劉宇得到了總經理的表揚。而張然則因爲「抄襲」，令總經理對她怒目而視，考慮到她剛進公司，便警告她下不爲例。

面對這令人痛心的局面，張然決定挽回敗局。她打開電腦，將自己企劃那份方案的所有參考資料、企劃的過程以及自己的心得體會一一整理，然後透過E-mail發給了總經理。總經理仔細閱讀了她的郵件，才知道自己誤會了張然。第二天，總經理便炒掉了劉宇，還主動向張然認錯道歉。張

然終於奪回了屬於自己的成果。此後，張然爲公司設計出了更多新穎的方案，也越來越受公司的重用。

面對上司劉宇的「偷功勞」與「背叛」，張然沒有因爲懼怕而忍氣吞聲，她做出了最正確的決定，就是將事實的眞相說出來。而結果顯示，張然的做法是正確的。如果張然選擇姑息，那麼不但自己的勞動成果全部付諸東流，還會讓「偷創意」、「出險招」的上司佔盡便宜。由此可見，如果職場女性遇到類似的問題，也要像張然一樣，勇於將事實公佈於眾。

學會這幾招，讓老闆看到妳的功勞

那麼，女人該如何包裝自己、展現自己，讓老闆知道自己的功勞呢？

一、**喜傳捷報，主動邀功**。如果妳在工作上有了出色的表現、非凡的業績，妳應該主動找到老闆，開門見山地說出妳的功勞。記住先說出妳的功勞，而不要先陳述妳做事的過程，因爲老闆的時間都比較緊，不大可能耐心地聽妳陳述戰績的全部過程。但是，如果老闆有時間，而且很願意聽，那妳就可以將過程說一遍，但也要簡明扼要。

二、**在公司會議上積極發言**。公司會議是一個很好的展現自我的平臺。每當公司召開會議時，妳要盡量搜索出一些疑問和獨到的見解，然後在會議上大膽地說出來。這樣，妳的頻繁亮相，不僅讓所有同事知道了妳，也能令老闆關注妳，讓他覺得妳是個很特別、會思考的人。這樣，有了老闆的注意，妳在職場中的功勞就很容易被獲知了。但要注意的是，發言時要注意措辭和態度，不能太自我、太驕傲，以免讓同事和老闆覺得妳是個恃才而驕的人；也不能太偏激，以免讓同事和老闆覺得妳的心理不太健全。

三、**利用E-mail和老闆溝通**。E-mail是簡便、迅速而廉價的通訊方式，也是用來和老闆溝通不可多得的管道。當妳完成了某個項目，而且完成得還不錯時，妳便可以將成果以電子文檔的方式直接發給妳的老闆，讓他知道妳用心完成了項目。如果擔心老闆不會去閱讀妳的郵件，那麼就在發送的主題上「裱上一朵花」，寫上如「不可錯過的項目」、「不看別後悔」等吸引老闆目光的詞語。

小資女職場小心眼

在職場中馳騁，默默無聞是絕對行不通的。記住，「酒香也怕巷子深」。如果妳不把妳的功勞展現給老闆看，不讓老闆知道妳的能力，妳是很難被升職、加薪的。當妳的成果被別人利用時，應主動把完成工作的過程告知老闆，為自己討回公道。

第23忌 不懂分享 喜歡吃獨食

由於天性使然，女人喜歡在辦公室中準備一些零食；同時也是出於天性，女人往往較男人小氣。有些職場女性一毛不拔，總是緊緊攥住自己的錢包，從來不肯為同事買單。這類女人總以為摳門、吝嗇能保證自己攢更多的錢。殊不知，在職場要想混得好，會為別人花錢是必不可少的。如果總是捨不得自己的錢，就套不住妳的人脈，更套不住妳的「錢」程。

其實，有時候並不是要妳大放血，只要妳肯在享受食物或其他東西時，分給大家一些就夠了。這樣的妳，不僅裡外透著大氣、機靈，還會爭得好人緣。

吃獨食的人容易被大家孤立

工作一整天是件比較勞累的事情，因此很多女人都會在辦公室準備一些零食。有些女人很慷慨，每次吃東西時，都會分給辦公室的同事一起享用。但有些女人就不會這樣做，自己有滋有味地吃著，食物的香味引得大家也饑腸轆轆，但只能聞著味道嚥口水。

職場也是一個團隊，大家每天在一起工作，可以說是另一種意義上的「家庭」，時間久了難免會有感情。定期或不定期聚餐就成了每個公司都會做的事情。有些人想得很開：花點錢無所謂，只要能多和大家在一起交流感情、加深瞭解，畢竟多個熟人就多個機會、多個幫手，也是一件令人高興的事。有些人則不這麼想：我辛辛苦苦掙來的錢，爲什麼要花在請別人吃飯上呢？於是便成了每次都「白」吃、一毛不拔的鐵公雞。

上面兩種不同的人，多半有著截然不同的人際關係。一種人的身邊總是熱熱鬧鬧，有事也不乏人幫忙；另一種人則永遠冷冷清清，遇事恐怕自己都不好意思找別人。

職場就是一個小社會，有人脈才是王道。如果妳總是以自己的利益爲出發點，從來都不肯爲同事掏腰包，那麼，久而久之，同事便會覺得妳這個人太吝嗇，太不夠意思，會越來越疏遠妳，妳便容易被孤立。從此，一個人吃飯，一個人言語，一個人玩樂，一個人攻破工作難題，犯了錯沒有人爲妳辯解，生了病沒有人慰問妳，有什麼難處沒有人願意幫妳……妳在職場中變得越來越舉步維

艱。妳可能因此而抱怨：「天妒紅顏啊！爲什麼大家都聯合起來孤立我呢？」到最後，筋疲力盡的妳只好選擇離開了。然而，離開也是開始，如果妳在新公司繼續妳的「吝嗇」，那麼，妳最終還是會面臨被孤立的狀態。每個公司都是一樣的，沒有人會願意和一個吝嗇的人共事。不要怪別人，只能怪自己過於吝嗇。

吳娜頻頻換工作，最近，她到了一家會計事務所工作。可是工作不到半年，吳娜又離開了。到底是怎麼回事呢？原來都是吳娜太小氣惹的禍。平時大家一起出去吃飯時，總是會有那麼幾個人把大家的帳給結了，一般都是今天這個人結，明天那個人結，這樣到頭來大家都不會虧多少錢，畢竟妳今天爲別人買單，明天會有別人爲妳買單。但是，吳娜卻從來沒有爲大家掏過一次錢包。剛開始時，她總是說只帶了夠自己吃飯的錢。後來，大家便知道吳娜是太吝嗇了，於是都不叫她一起出去，免得她只知道吃飯卻從不結帳。到頭來吳娜只好一個人吃飯了。但這還不算什麼，吳娜讓人無法忍受的吝嗇還在後頭呢！

夏日的一天，辦公室的空調突然壞了。炎熱難耐的吳娜便準備去附近的便利商店買冰淇淋降降溫，坐在她身邊的同事知道了，便要她順便幫忙買一個。這位同事一說，辦公室二十多位同事都紛紛說：「也幫我帶一個吧！」吳娜傻了，都帶得要多少錢啊？她只好向大家喊：「好吧，我就代勞去替大家買吧！不過，妳們要先給我錢。來來來，妳們都要吃什麼口味的？拿錢來！」她一說完，有幾個同事就掏出錢給她，而有幾個同事卻說：「妳隨便買什麼口味都行，我沒零錢，妳先替我墊著，哈。」吳娜很不情願地答應了，隨後便出去了。十幾分鐘後，吳娜提著一袋冰淇淋回來了，對那些要她先墊錢的同事說：「眞不好意思哦，我這個人腦袋不太好，每次出去都只拿自己需要花的錢。所以，很對不起喔，沒幫妳們買。」那幾個同事掃興極了，有的還在嘀咕：「怎麼會有這麼摳門的人呢？」

吳娜以「摳」行走於職場，所以越來越受到孤立和排擠，後來終於因此而離開了公司。

花點小錢，妳會收穫更多

雖說用錢買不到人心，但是，如果在可以或應該爲同事買單時卻沒有買單，則一定會失去人心。相反，如果妳經常給同事買單，便會拉近妳和同事的距離，因爲同事會認爲妳這個人比較大方，很願意和妳交往。所以，女人在職場中和同事打交道，就要捨得小錢，多爲同事買買單，讓同事知道妳的好。等妳有困難時，同事便會爲妳挺身而出；等有什麼好處時，同事便會想到妳。這屬於人情投資，等於用妳現在的「芝麻」去換將來的「西瓜」，這樣的女人才是目光遠大的聰明女人。

葛茲還不到而立之年，卻已是一家房地產公司的銷售總監。她之所以能身居要職，都是因爲目光遠大——她一進公司便開始經營自己的人脈。除了平時幫幫大家小忙外，她最善用的是「金錢」

這一有利的武器。平日和同事一起出去吃飯，她都踴躍掏錢；出去K歌，她總是最先跑到前檯去付錢；哪個同事突然感冒了，她會拿出早就備好的感冒藥；閒聊時，她拿出買好的零食和大家一起分享……因爲她的慷慨，同事們都很喜歡她，有什麼好處也總是會想到她：在老闆面前誇她、有重要的商機告訴她、在晉升投票時力挺她……等。有了大家的擁護，葛茲在職場上可謂順風順水，因此步步高升，從小職員升爲銷售總監。

葛茲是一位睿智的女性，她根本沒把那點小錢放在眼裡，因爲她看到的是小錢將來發揮的巨大作用——職場上升力。所以，職場中的女人都應該向葛茲學習，多花小錢，用來投將來的大錢。如果我們手頭比較緊，沒有多少錢，意思一下也是可以的。記住，無論如何，千萬不要捂緊自己的錢袋子，做十足的「嗇女郎」。

物無大小，分享最重要

有些女性看到上面的文字，會發出這樣的疑問：自己辦公室的那點零食，也不是什麼高級點心，怎麼好意思拿出來給大家呢？但如果每次爲了分享給他人就買很好的東西，誰又能支付得起呢？其實，這種想法本身就是錯誤的。基本上，如果同坐在一個辦公室裡，那麼大家的經濟水準就不會相差太多，妳能享用的東西，周圍的人都可以享用。況且，心意是不能用金錢來衡量的。試想，一個人每週都拿自己的小零食給忙碌工作中的同事，另一個人一年給大家拿一次昂貴的特產，哪個更容易讓大家覺得貼心、親近呢？

如果妳懂得分享，哪怕是很不值錢的物品，也能給妳帶來意想不到的收穫。因爲人即使再現實，也是抗拒不了感情的。俗話說「人心都是肉做的」，妳每次對別人的一份關心，都會記在對方的心裡。給他印象最深的，是妳的善良與慷慨，絕不會因爲妳給的東西「不值錢」而覺得妳小氣。雖然這是個物慾橫流的時代，但溫暖、眞情是每個人都不會排斥的東西。聰明的女人，就要充分發揮細心的特長，將辦公室的氣氛打造得和諧、融洽，那麼相信妳會成爲辦公室最後的贏家。

小資女職場小心眼

俗話說：「平時多燒香，急時有人幫。」聰明女人在職場中，應該捨得花一些小錢，別因為心疼小錢，而損失將來的大錢。女人，要把目光放得長遠些，捨得投資，將來妳得到的回報，將會是妳付出的無數倍。

第24忌
巧言善辯　不會裝糊塗

古人云：「大智若愚，大巧若拙。」這句話很有道理，告誡人們不可以鋒芒畢露，會適當裝傻的才是真正的聰明人。可是偏偏有些混跡職場的「聰明人」喜歡反其道而行。他們愛賣弄自己的伶俐，以為能在職場中呼風喚雨，最後卻弄得慘淡收場。其中原因，不言而喻。職場中的人都有「眼觀六路、耳聽八方」的能耐，妳這邊說句話、做件事，馬上就會得到他們的「系統分析」，妳賣弄自己的聰明又有什麼用呢？他們往往比妳還聰明，可是人家低調、會偽裝，自然就把沒事吵吵嚷嚷、好像什麼都懂、可是又不是懂很多的妳給PK掉了。所以，妳得學會裝糊塗，即使心中明白，表面上也不要流露出來。

太精明的女人不招人喜歡

有些女人喜歡犯「牙尖嘴利」的毛病，以此來顯示自己很聰明，什麼都能看出來；也有些女人，覺得自己能完美地將工作完成，是同事中的佼佼者，是最聰明的員工，因此「恃才傲物」。職場女性若總是毫無顧忌地顯露才華，早晚會被排擠的。職場中沒有眞正的蠢人，他們只是善於僞裝而已。當妳讓別人覺得危險時，妳的好日子也就到頭了。

莎莎剛剛畢業，進了一家大公司，前途一片光明。向來自信的她躊躇滿志地進入工作崗位，果然是一路走來所向披靡，案子在她的手中被洽談妥當、企劃書寫得妙筆生花……很快地，她就開始輕視部門裡的前輩了：進來公司都這麼久了，還讓一個毫無能力的部門主管佔著位置，眞是有夠笨的！我這麼努力的工作，取得這麼好的成績，公司一定會提拔我的。莎莎自此更加地盡心工作，事事搶在人前，還要騎到主管頭上。她看主管脾氣好，即使自己「功高蓋主」也毫無怨言，還帶頭誇獎她，心裡就越發有恃無恐，對待同事也傲慢起來。但誰知，她工作不到一年就被調到一個冷僻的部門，整日與「死」材料爲伍，才華再無用武之地。對此遭遇，她百思不得其解。後來，在同一部門工作的老同事好心告訴她：「妳眞是步了我的後塵啊！那個主管是個『笑面虎』，業務能力不強但城府深。他手下有些人能力很強，可是人家聰明，不到時候不會顯山露水，不像妳和我這麼張揚。我當年也和妳一樣不懂事，因爲業績好不把同事放眼裡，也不知道收斂，所以才會被打到這個

『冷宮』來的啊！」莎莎這才恍然大悟，原來大家都是「聰明人」，只有自己幼稚。她最後只好選擇辭職，黯然離開公司。

莎莎錯就錯在不該恃才傲物。職場中沒有蠢人，他們低調必然有自己的道理，人家是穩中求「升」。仔細觀察那些在職場中如魚得水的人，都是善於僞裝的，平靜的表面下卻暗藏玄機。所以，千萬不要自以爲是地看低他人。

即使妳的確是一個聰明、優秀的女孩子，也要適當隱藏起鋒芒，哪怕沒事裝裝單純、裝裝糊塗，也會讓人覺得比過於精明好。通常，過於精明的女孩子，往往讓人覺得不可愛，進而對她敬而遠之。

「鶴立雞群」不適用於職場

如果從一幅畫的角度來看，「鶴立雞群」是很美的，當然最美的地方就是那隻突出的仙鶴。很多女人喜歡當仙鶴，生活中如此，在職場中也如此。但殊不知，這正是職場女性的大忌諱。剛進入新工作環境的人，都想在公司裡取得一席之地，於是極盡所能地展現自己的才能，以表示自己不可被替代。這種想法本沒錯，可是想展現才能也是講方法的，不可以顯得太突出。妳在一群人中間顯得太「扎眼」是沒有好處的，老闆是注意到妳了，可是同事更注意到妳。那些看似一盤散沙的同事們一旦聯手整妳，妳可眞是吃不了兜著走啊！

菁菁剛剛跳槽到新公司，爲了站穩腳跟，她拼命的工作。同事們都下班了，她還繼續加班；同事週末休息，她還要加班；老闆讓員工一起完成的工作，她喜歡獨挑大梁；同事去聚會，她就以工作沒完成爲藉口推託……最後工作是完成了，而且超額完成了，老闆自然對她讚賞有加，但同事們就沒人給她好臉色看了，會議中一旦她有什麼不一致的提議，無論對錯與否，大家都會群起而攻之。她做什麼都沒人附和，想和同事拉近關係，同事們也愛理不理的。在這樣的環境中，菁菁感覺很壓抑，漸漸地也沒心情工作了，一連出了幾個大錯誤，受到了嚴厲的批評。

菁菁這種情況並不少見，許多人都是顧此失彼，只看到高高在上的老闆，忘了同等地位的同事。其實有時候，同事的地位更重要，得罪了他們就是給自己的鞋裡添沙子，看似毫無影響，實際上卻會因爲這小沙子走不完以後的路。

裝糊塗，「扮豬吃老虎」

僞裝是一種大智慧，有時裝傻是爲自己爭取有利的條件，減少一些不必要的麻煩；適當的時候裝糊塗，會減少乃至消除別人的不滿或妒忌。懂得讓處境不如自己的人心理平衡，對妳放鬆警惕，對於妳的交際和事業都是有好處的。

試想一下，如果有一位新同事跑過來對妳說：「不好意思，我對這個行業不太熟悉，希望您多多指教。」妳聽了這話是不是很高興，心裡也樂意幫助他？因爲「希望您指教」這類說法，不僅能滿足妳的虛榮心，「我對這個行業不太熟悉」之類的話，看似將弱點暴露給別人，但實際上卻能瞬間贏得人們的好感，把自身帶給他人的威脅感降低。這樣會裝糊塗的人，往往不會受到別人的排擠。妳不妨也做一個這樣的聰明人，取得一個在角落裡迅速成長的機會。

看看那些經驗老道的人，他們都有一個共同的特點，那就是「和光同塵」，毫無稜角。從表面上看，似乎都是庸才，又善於裝糊塗；可是實際上，他們個個都深藏不露。不是不夠聰明，恰恰相反，他們是聰明過頭。

那麼，職場女性該如何在工作中僞裝自己呢？又該如何讓自己看起來有那麼點「糊塗」呢？這就要從多個方面進行「僞裝」了。在和同事相處的時候，要學習「聽不懂」、「記不住」。有些時候，很多人可能出於自尊心，或者出於虛榮心，常常誇大自己，說一些本來不是事實的話。職場女性最忌諱的，就是將同事的話記得清清楚楚，當面戳穿他的錯處，或者在對方說漏時進行糾正。這樣做的結果只能讓對方陷入尷尬，讓自己陷於「刻薄」、「精明得可怕」的印象中。另外，在和上司打交道時，裝糊塗更是一門學問。對於上司說的一些敷衍下屬的話，即使妳心裡很清楚，也要裝著很相信、很感激，千萬不可擺出一副「你騙誰啊」、「以爲我聽不懂嗎」的姿態。果眞這樣做，妳的職業生涯就沒有出頭之日了。

另外，有些女人的確能夠把工作做得十分出色，有時甚至會超過頂頭上司。千萬不要以爲這是好事，會讓上司更加賞識妳。如果妳功高蓋主，很難保證不會讓上司有威脅感；至少，妳會給他被架空的感覺，讓他覺得自己形同虛設。因此，女人要適當裝傻，假裝總有一些地方想得不夠周全，給上司預留指導空間。

先裝糊塗，就是一種示弱，不給他人以威脅感，才能無障礙地發展。所以，裝糊塗才是一種大智慧，「扮豬吃老虎」不正是妳要的結果嗎？

小資女職場小心眼

不要認為妳身邊的同事都毫無建樹，即使他看似很平庸。其實，會裝糊塗的才是聰明人，想要少受傷害，就要掌握這種「扮豬吃老虎」的大智慧。只有這樣，妳在職場中才不會成為大家打擊的目標，更不會陷入人神共憤的境地。

第25忌
一味埋頭苦幹 不懂抓住晉升機會

為了躲避職場中的「刀光劍影」，我們往往喜歡讓自己看起來「傻」一些，因為精明的人容易遭到排擠。可是要注意喔！妳是在裝糊塗，可不是真糊塗。如果妳在職場中永遠奉行「難得糊塗」的箴言，妳就大錯特錯了。妳不犯人，人會犯妳，妳糊塗度日，兵來將擋、水來土掩，可一旦有一天妳家門口發「洪水」了，毫無準備的妳拿什麼來應對？總不是選擇黯然離開職場，另謀他路吧？所以，妳應對自己的職場生涯有個規劃，不要盲目的工作，也不要守著現狀過日子。機會可不是一輩子都有的，還是趁年輕的時候抓緊點為好。

妳是不是打算做一輩子職場「窮忙族」

有的女人每天都匆匆忙忙地去上班，看起來比誰都忙、比誰處理的事情都多，但最後卻拿不到多少薪水，甚至比別人還少，這就是職場「窮忙族」。有句話叫「穩中求勝」，用在職場上，穩中求「升」也是個很好的策略；可是就怕妳光顧「穩」了，來個求穩不求「升」，那可就沒有什麼意義了。妳還記得混跡職場的初衷是什麼嗎？妳必須知道現在手頭上做的工作有沒有意義。整天糊裡糊塗地過日子，連個整體規劃都沒有，對妳沒任何好處，只能讓妳荒廢青春，最後落得一事無成的下場。

不知什麼時候開始，「忙」成了人們的口頭禪，也成了大多數人工作的狀態：忙開會、忙應酬、忙業務、忙談判……總之是忙得不可開交，似乎總是有忙不完的事情。可是，我們眞的有那麼忙嗎？不！其實，很多時候我們只是在糊裡糊塗地「瞎忙」。

忙沒有錯，但必須忙在對的點上。瞎忙、亂忙只會讓人忙暈了頭，甚至是忙錯了方向，還會導致忙中出錯。這樣的「忙」其實是「盲」，盲目的行動著，和許多機會擦肩而過。

李嬋是一家公司的助理祕書，幾年來，工作勤奮努力，卻發現自己總是被一些瑣事包圍著，忙不過來。她的性格比較優柔寡斷，一件事總是思來想去，想出很多種結果，生怕做不好，讓經理不滿意。而對於一些很重要、自己又不太懂的事情，她卻總是採取逃避的態度，拖到不能再拖時才

開始處理，結果經常因爲時間倉促，最後只得草草了事。有一次，經理出差，臨走前要她寫一份報告。她想還有一週呢，時間很充裕。於是，她在之後的幾天只顧忙其他的事情：給合作公司寄幾封信，發幾份傳眞，打幾個無關緊要的電話，給經理的朋友買鮮花恭賀他開業大吉……如此忙碌了幾天。某天上班時，突然想起經理明天就要回來了，而那份報告一個字都沒寫呢！本來打算全力以赴完成那份報告，但是已經安排了一個預約客户，一談就是半天。

到了下午，又要安排去機場接經理的事情，然後又被別的部門叫去安排明天的會議。等終於把這一切安排妥當，已經到了下班時間。她決定回家加班。吃了晚飯，發現電視上在播最喜歡的電視劇，終於忍不住看了起來，看完已經十二點多，只好連夜草草地把報告寫完。結果，本想一鳴驚人的報告變成毫無特色、草草了事的文件。

李嬋就是典型的窮忙一族，她的「窮忙」來自於對職業沒有規劃。另外還有一種窮忙，原因是過於追求高消費，超過了能力負荷之外。這種人雖然薪水並不少，但一個月到頭荷包空空如也，同樣是「窮忙」。

空姐是一個讓很多女性嚮往的職業。能做空姐的人，至少有靚麗的外表、較高的素質，當然還有不菲的收入。而實際上，人人豔羨的空姐眞的活得那麼「悠遊自在」嗎？

米娜是一名空姐，在姐妹們眼中她的工作十分令人羨慕，但是米娜卻説自己的生活並沒有別人看起來那麼風光。雖然空姐的收入可觀，但米娜卻也成了個「窮忙族」。由於職業需要，米娜每個月花在衣飾妝扮上的錢佔去了薪水的三分之一。再加上平日的開銷、交際需要、意外生病等，一個月來下，她的荷包總是從滿滿鼓鼓到空空如也，從來不「需要」存到銀行去。

米娜說：「我以前是不怎麼講究穿衣化妝的。但做了空姐後，發現同機艙的同事用的都是國際一線品牌，我自然也不能落後，更何況這可能直接影響我的工作。」那可不可以少買點？米娜搖了搖頭，「我現在已經習慣了，每個月都會關注這些品牌的最新消息。特別是看中的那些新品，如果看到別人在用，心裡會有種異樣的感覺。」因此，雖然薪水可觀，但做了三年空姐的米娜還是沒有任何積蓄。她總是笑稱，自己雖然生病了也捨不得請假，平時沒事還加個班，但從來沒有因為忙碌、努力而讓存款變多。相反地，忙來忙去，多賺來的那些

錢也花掉了，簡直是典型的「窮忙族」和「月光族」。

看來，窮忙形成的原因是各式各樣的。但無論是哪種窮忙族，其下場都是尷尬的：忙來忙去，卻沒有多少收穫。因此，職場女性一定要擺脫窮忙的困擾，千方百計讓工作做得有意義、有「價值」。能夠得到相對的回報，這才是聰明女人的做法。

擺脫窮忙，首先要做的是將自己的工作節奏加快。工作的第一原則就是快節奏、高效率。忙來忙去也忙不到重點上，老闆有什麼理由爲妳升職加薪呢？其次，不管妳賺多少錢，都要將消費限制在自己的承受能力內，做好收支計畫，讓自己每個月都有餘存。這樣，妳就不會再輕易走入窮忙一族了。

趕快摘掉「窮忙族」的大帽子吧！要不怎麼開始妳的事業？

職場如逆水行舟，不進則退

窮忙族給人的印象是：長年在一個不起眼的職位上忙碌，沒有提升意識，因此也沒有做高薪職業的機會。也許有些人喜歡安於現狀，認爲只要守著飯碗過日子就OK了，何必去跟人爭、和人搶，踏踏實實的不是很好嗎？妳要是還抱著這種想法，妳就Out了。二十一世紀可是個超速時代，連物價都漲得飛快，妳還想亙古不變？妳的飯碗捧得夠牢嗎？妳能保證永遠衣食無憂嗎？

欣欣和蓉蓉是同班同學，畢業後進入同一家公司工作。欣欣生性活潑，頗有事業心；蓉蓉靦腆文靜，個性內向。十年過去了，欣欣一路扶搖直上，從一個普通職員升到管理層，成了事業有成的女強人。反觀蓉蓉，依舊是一個普通白領。

人到中年，家庭的壓力自然就大了起來，孩子昂貴的學費，父母開銷巨大的醫療費……壓得蓉蓉喘不過氣來，薪水也不夠用了。而同時起步的欣欣則依舊衣食無憂。蓉蓉非常後悔，現在的她自然不像年輕時那樣有資本了，她這才意識到，那些年不應該不求升遷只求保職，隨著周圍人地位的提高，自己已經被「貶值」了。

所以說，人的眼光要放長遠一些，不能安於現狀，還是趁著年輕去奮鬥吧！

要想擺脫窮忙族，就一定要有以下三個意識：

首先，做好職業規劃，忙得更有價值。有了明確的職業規劃及清晰的職業目標時，就會知道現在的工作是爲了累積經驗、提升技能，還是爲了從中得到歷練。對於一個希望職業有所發展的人來說，明確知道自己所要的，爲工作賦予意義，哪怕再忙、再累，也會覺得非常有價值。反之，則會覺得在瞎忙，甚至是在受罪。

其次，做好職業規劃，忙得更有效率。做好職業規劃後，定位就會清晰，目標也會更加明確。當前的任務就是如何有效地一步步靠近目標，直至實現。妳會努力尋找提高工作效率的方法，對於哪些是需要提升的、哪些是需要鍛鍊的、哪些是自己比較有競爭力的東西，都會一目了然。每天的

忙碌都是直奔目標主題，正確並高效的，減少了因盲目而多走的彎路。有目標的忙不是負擔，而是一種動力。

最後，做好職業規劃，忙得更有效益。因爲對工作和所從事職業的認同，所以，我們會更加投入的工作，工作主動性也會大大增強。在這個投入的過程中，我們的職業競爭力相對也得到提升，這時就會創造更多的價値及財富。而得到的回報也一定是豐厚的，包括名譽、物質以及精神各方面。

抓住機會，勇攀高峰

要想擺脫「窮忙族」的狀態，最好的方法就是晉升。混跡職場的姐妹們想要升職加薪，只靠高超的業務能力是不夠的，妳還要練就一雙火眼金睛，第一時間察覺職場上的風吹草動。該出手時就出手，不能守株待兔，不能心慈手軟，因爲機會是不會平白掉在妳面前的，唾手可得的不是餡餅而是陷阱。

若是在平時的工作中顯得平庸就算了，畢竟那樣可以讓自己避免成爲鬥爭的目標；可是也不要低到塵埃裡，讓老闆都不記得妳的存在了。妳要有該出手時就出手的魄力，當公司處於危難時，妳的第一反應不應該是跳槽，而是共患難，盡一切努力幫助公司挽回敗局。一旦妳成功了，就是大功臣。面對會議上的提案，不要因從眾心理就和大家保持一致，適當地做個另類的人更容易受老闆賞識。

趁著年輕、趁著還有時間，抓住機會吧！

小資女職場小心眼

機會是隨著時間匆匆而來、又隨著時間匆匆而去的，不讓妳喘息。要是妳依舊糊塗度日，就等於放機會一條生路，給自己的職場生涯一條死路。想要擺脫窮忙族的妳，一定要克服自己的弱點，抓住機會，早日脫離苦海。

第26忌
功勞自己享　黑鍋別人背

職場中不難見到一些「聰明過人」的女性，每次榮譽來臨時，她總在受獎之列；而每當工作出錯、追究責任時，又總是看不見她的人影。這種八面玲瓏的人，總給人一種十分「精明」的印象，並且似乎能力很強，永遠只享榮譽，不犯錯誤。

事實真的是這樣嗎？且不說是否榮譽都有她一份，只說一個人如果從來沒犯過錯誤，那恐怕是誰都無法相信的。這種人之所以能夠「只有喜沒有憂」，很可能是她有這樣一個做人原則：「功勞自己享，黑鍋別人背。」具體做法是，將有利的資源緊緊抓牢在自己的口袋中，一有機會就出手立功；而小心地避開容易出事故、擔責任的地方，出現問題就全算在別人頭上。

這種不道德的行為，在職場中並非罕見。這種行為的後果，也常常如人們所料，早晚會被發現。而一旦真相大白，則會「人人怒而誅之」。

功勞永遠是整個團隊的

在職場中，沒有什麼功勞只屬於一個人，即使妳在其中發揮了最重要的力量，也一定有別人的協助才能取得成功。有些職場女性在獲得榮譽時，被喜悅沖昏了頭，不知道將功勞分享出來，難免會樂極生悲、禍從中來，影響自己日後的發展。若想在職場中取得一席之地，單靠自己的力量是不夠的，妳需要一個強大的發展平臺，所以公司的發展就尤爲重要。而公司的發展，靠的是整個團隊的力量。將團隊的力量發揮到極致，才能在競爭中披荊斬棘，取得成功。

在平時，也要學會將自己融入團隊，千萬不要認爲自己能獨立做好一切事情。因爲妳不知道會在哪個環節需要別人的合作，與其到時爲難、尷尬，不如一開始就將自己擺在團隊一員的位置上，和大家共同做事。身處職場，就要學會如何與別人合作，共同發揮團隊作用。妳要學會寬容，因爲人人都會犯錯，特別是同處一個團隊時，不要因爲他人犯錯而不停地責備或不肯原諒。妳的寬容會讓同事反省錯誤，也會讓他好好總結，將功補過。一旦團隊裡有新的成員加入，妳就要表現出「前輩」的風範，不要只是指揮，而要親力親爲，教他們該如何工作。把良好的工作方式教給他們，讓他們清楚地知道妳的工作標準，這樣整個團隊的工作標準都會一致，更能發揮強大的團隊作用。

只有這樣彼此幫忙、合作，才能讓妳有一個更好的發展平臺。千萬不要淪爲「自私女」，那樣只會讓妳故步自封，無法進步。

很多職場女性在抱怨同事不給予支持時，不妨先反省一下自己，是否平時太過自我，如，利用了別人的幫助，取得成績時卻將對方忘到腦後。其實有時候，妳只需舉手之勞就可以贏得同事的支援。有句話說「送人玫瑰，手有餘香」，與人分享就是在助人助己；而不會分享，就永遠得不到進步。在工作中，分享不是吃虧，而是有助於事業成功的法寶。

當妳做出一番成績，不要對老闆說這是自己的功勞，試著把團隊合作推到首位吧！妳出了多少力，老闆還會不知道嗎？這樣做顯得謙虛又大方，既能得到老闆的欣賞，又會受到同事的感激，不是一舉兩得嗎？妳掌握了新技術或者客戶的新資料，也不要緊攬在手中不放，妳眼中的好東西人家未必喜歡，何必做出那副「護食」的樣子？

所以，對於那些該出賣的「祕密」不要吝嗇，對於那些到手的利益不要過於斤斤計較。「拋磚引玉」可是大智慧，小投資說不定會有大收益！

「獨食」好吃，但總有副作用

「吃獨食」原本指的是小孩子的毛病——佔據著好吃的東西不願與他人分享。可不要以為成年人就沒有這種可笑的行為了，相反地，還有可能比孩子的做法有過之而無不及。例如，在競爭激烈的職場上，「吃獨食」的就大有其人。那些愛吃獨食的人往往看起來很聰明、很能幹，似乎也比較慷慨，但實際上，他們心中打著如意小算盤，既讓自己佔了便宜，又不輕易被別人發現，最終目的都是爲了自身的利益。對於這種人，有了一個新名詞來形容——「獨食主義」。可想而知，這類人是不會受歡迎的。當身邊的同事投來鄙夷、不屑的眼光時，吃進去的「獨食」就開始發揮副作用了。

荃姐已經到了知天命的年齡，在技術部門做了幾十年，既沒升職也沒降職。整個部門就她一個人管事，上司一安排新人進來，想跟著她學習一下，就會被她找各種理由擠走。別人和她聊天，經常聽她嘮叨：「我這個技術不是一般人能學會的；我控制著公司的技術，我要走，資源都能帶走，公司馬上就不行；別看我不起眼，這地方可是一刻也離不開我……」言談和神態中充滿著驕傲和自信，自認爲是關鍵的核心人物。所以，荃姐在公司的人緣很差，大家對她都敬而遠之。後來有一天，技術部來了一個剛畢業的新人，荃姐剛開始以爲他是菜鳥一隻，也沒放心上，想著找個什麼理由把他也擠走。卻沒想到人家是個技術人才，所用的技術她聽都沒聽過，更不要說實踐了。荃姐有了危機感，意識到自己已經落伍，緊緊把持的技術也不再那麼有價值了。想到那些被她排擠走的同事，眞怕自己也步了他們的後塵。正在她苦惱之時，那個新人卻主動把技術教給了她，讓荃姐受寵若驚。她忍不住問：「你辛苦研究的技術，就這樣告訴我，不覺得心裡不舒坦嗎？這可是你的心血啊！」那個人回答：「要說不捨得是有的。但我既然進來公司，就要爲公司的發展負責，資源分享是應該的。只有大家的水準都提高了，公司的水準才能提高啊！」荃姐茅塞頓開，一改往日吝嗇技

術的做法，開始和大家一起學習、工作了。

荃姐還算是幸運的，如果她不轉變想法，那麼等待她的恐怕是被擠出職場的命運。試想一下，如果妳利用公司提供的舞臺，拿著公司發給的薪水，那麼妳所做的業績、拓展出來的市場資源，理所當然應歸公司所有。而如果妳「中飽私囊」，利用公司的一切條件為自己累積資源，那麼妳就相當危險了。拿人酬勞就要替人辦事，如果像荃姐一樣過於貪婪，那麼最終的結果只能是「吃不了兜著走」。

「仗義」女，關鍵時刻有人幫

要想在職場中如魚得水，光會「分享」是遠遠不夠的。很多時候，還需要替同事、上司背一些黑鍋。有些事情，可能在他身上很嚴重，而換到妳身上則沒什麼。這時，一定要伸出援手。這種付出，往往能帶來十分可觀的回報。

某公司新進一批職員，老闆抽了時間與這些新員工見面。在點名做自我介紹時，老闆叫道：「李辛辛。」全場一片寂靜，沒有人應聲，於是老闆又叫了一遍。這時，一個女生站了起來，「我叫李莘莘。」人群中發出一陣低低的笑聲，還有竊竊私語聲，老闆的表情明顯不自然。看到老闆窘迫樣子的小純站了起來，「對不起，名單是我負責的，是我把字打錯了。」在場的人露出「恍然大悟」的樣子，老闆也只是揮揮手說，「太馬虎了，下次注意點。」月底，新的晉升通知下來了，不出意料，小純被老闆提升爲公關部經理。

現代職場，不只是勇於承擔自己責任的員工是可貴的，更可貴的是能夠在關鍵時刻對老闆、上司「仗義相助」、主動替他們排憂解難的員工。大多數老闆、上司都喜歡能夠爲自己「拾遺補闕」的下屬。妳在關鍵時刻爲他們填補一些工作上的「疏漏」，維護他們的面子，將會對妳的事業及前程有極大的好處。如果妳出現工作失誤，只要造成的損失不太大，他們會念在妳曾經「仗義」的情份上，爲妳開脫一下；假如恰巧有一個升職的機會，也會先考慮妳這個「有恩」於他的人。這對妳而言，不正是莫大的好處與便利嗎？

小資女職場小心眼

職場女性堅決不要成為「獨食主義者」、不懂同甘共苦的「自私者」。將自己的利益分給他人一點、為他人分擔一點困難，獲得相對的收穫，舉手之勞，何樂而不為？

第27忌 忽視職場風雲 對危機毫無準備

女人的天真、「笨」，常常讓女人看起來很可愛，但這僅限於在戀愛或生活之中。如果一個女人在職場中一問三不知、對什麼情況都不瞭解，那就不是可愛，而是無知了。在職場中，不少女人只會一心工作，當人事變動、裁員風波、公司兼併等突然來襲時，便開始坐立不安、魂不守舍，怕自己被調到不好的部門，怕換來的主管苛刻，怕自己被列入裁員名單等。

其實，如果在平時注意觀察，一定可以提前知道這些消息，做好各種準備來應對突發狀況。所以，職場中的女人別只顧埋頭工作，還要眼觀六路、耳聽八方，注意職場的任何變動。

莫要兩耳不聞窗外事

拿人錢財、替人辦事，在職場中，努力做好自己的工作是應該的。但是，如果妳過於「努力」，將心思完全放在工作上，以致於兩耳不聞窗外事，對公司的大小事都不瞭解的話，妳的努力也會大打折扣。也許，妳是一個兢兢業業的女人，對於公司交給妳的任務，不管怎樣多或怎樣難，就算要超時加班，也一定會完成。這樣的妳對於公司來說是一位好員工，但對於妳自己來說卻有點不負責任。設想一下：如果有個菜農非常勤快，每天披星戴月地犁地種菜，但是，菜慢慢長起來時，他都沒有仔細觀察過，當菜上爬滿了害蟲時，他才開始懊悔。可是這時才懊悔有什麼用呢？再去殺蟲也無濟於事了。

職場也是一樣。在平時，我們不僅要努力工作，還要多注意一下公司的形勢，公司有什麼樣的變動。只有這樣，才能提前做好各種準備，以隨時應對各種可能發生的、影響到自身利益的突然事件，不至於被職場之海的風浪所淹沒。

曉月是個典型的乖乖女，進入職場工作後，每天都準時到公司，並且上班時間從來不做別的事情，十分專心地處理手頭工作。到了下班時間，她也總是最晚走，有時甚至主動加班。曉月的敬業讓同事十分佩服，當然也讓上司十分欣賞，沒多久就有了提拔曉月的想法。於是，上司開始有意無意地問曉月辦公室的情況，或者公司其他的事情，一些本不屬於曉月職責內的工作，也會叫曉月來

參謀一下。但令上司失望的是，每當這時，曉月就表現得和平時的認眞截然不同，常常一問三不知，甚至和她同辦公室共事的人叫什麼名字、是哪裡人，都還沒有完全搞清楚。在問過幾次之後，上司發現曉月沒有絲毫「慧根」，只好放棄了。

在公司做事，千萬不能以做好份內事爲最高準則。如果妳期望在職場中有所發展，就一定要眼觀六路、耳聽八方。妳可以不聽那些無聊的八卦，但是關於公司的運行情況，上司、同事的基本性情，都要搞清楚。一些公司的日常事務，即使不在妳的工作範圍內，在有餘力的情況下也要幫忙做一點。這會體現出一個人在公司是否有主人翁意識。如果妳能讓老闆覺得妳在把公司當作一個家來對待，那麼妳就會引起他的注意和好感，這是兩耳不聞窗外事的女人無法達到的效果。

妳當具備間諜素質

除了要有主人翁意識之外，職場女性必須要掌握的還有職場的一些風吹草動，如重大人事變動、關鍵業務的發展等等。只有隨時關注公司的大方向，才能跟上公司的步伐，保證不被大隊伍丟下。比如，在公司發展某項新業務時，妳應當立即調整戰略，將有關事宜做爲重點任務來對待；在公司進行某項考察時，妳要加強在該方面的鍛鍊與修養，以免在考察中露怯。察言觀色並不是一件猥瑣的事，更不是沒有必要。沒有人生下來就瞭解職場，也沒有人剛進職場就能自如地應對其中的風雲變幻。適當地學會察言觀色，根據公司的形勢變化來不斷調整自己，是一個好員工應具備的基本素質，能夠讓自己在職場中保持不敗。

在生意場上，有這樣一句生意經：「做生意要有三隻眼，看天看地看久遠。」也就是說，生意場上的任何資訊、行情，都是在不斷變化的，而不是一成不變。因此，生意場上的人們應該經常關注資訊、行情的變化，根據具體情況做出正確的準備和打算。

職場和生意場一樣，猶如一片汪洋大海，隨時都可能發生各種海難，如「人事地震」、「購併及裁員颶風」以及「關門海嘯」等。要想在洶湧而來的海難來到時保全自身，只有先下手爲強——不妨做做收集情報的「女間諜」。那些似眞似假的諜戰大片，弄得我們如墜五里雲霧中。做爲觀眾的我們，不能僅限於去觀看，還應該用心思考，從中得出有利的東西。從最淺顯的來說，就要問自己：到底什麼才是間諜？人爲什麼要去當間諜？

間諜就是搜集情報、爲組織提供資訊的人。人之所以要去當間諜，是爲了獲取更有利的資訊，以使組織做出更好的決策。職場不也是一片諜海嗎？所以，爲了得到更好的發展，我們要化身爲「女間諜」，去收集更多的情報。做爲「女間諜」，不用像眞的間諜一樣去出入龍潭虎穴、刀山火海，只要多動動心思和眼睛，瞭解一下公司最近進展如何，有什麼風吹草動，如此而已。而要想成功獲得最有價值的情報，就需要有縝密的心思和銳利的眼睛，並透過多方面去探求，如多利用同事關係、多和主管溝通等。

職場再變都不怕

當職場發生變動時，有些女性往往會措手不及，不知該如何是好。爲了防止這種現象發生，除了要早早觀察職場事務、獲得情報外，還應該學學相關的應對策略，爲各種突然降臨的變動做好準備。

一、**應對「人事地震」**。首先，要清醒地知道自己的實力，這就需要瞭解公司的人力資源狀況、自己與職位是否匹配、自己在部門或團隊的位置等資訊。其次，瞭解新主管的「行動」，看看他在公司文化、價值觀及其對工作習慣的要求、對公司的管理模式等方面的改革，這樣便可以順應其「口味」了。

二、**應對「購併及裁員颶風」**。首先，要瞭解裁員的類型。一般來說，裁員的類型主要有三種：經濟性裁員、結構性裁員和優化性裁員。經濟性裁員即因公司經營不善或受到市場因素影響而出現虧損，使公司的盈利能力持續下降，公司只好降低營運成本，以裁員來緩解經濟虧損；結構性裁員即因公司的業務方向、提供的產品或服務發生了變化，而導致內部組織的重組、分離及撤銷而引起的裁員；優化性裁員即公司爲了保持人力資源的優質，根據績效考核的結果而辭退那些績效較差的、不能滿足公司發展的員工。

其次，瞭解公司裁員到底出於什麼原因、對自己有多大影響，然後對號入座，看看自己可能被裁的原因有哪些，最後根據具體的情況來應對。若是經濟性裁員，要看看現在的行業是否不景氣，如果是，便應入駐其他行業；若是結構性裁員，應仔細分析自己有哪些優勢、哪些劣勢，然後尋找到最適合自己的發展方向；若是優化性裁員，則應好好地做自我檢討：「爲什麼績效會這麼差？」找到了眞正的原因，便即時進行補救。

三、**應對「關門海嘯」**。應對「關門海嘯」最關鍵的，是要做好職業規劃，這樣，當因公司關門而丟失工作時，可以按照規劃再去其他公司找工作，重新開始。只要方向對，路就會對。

小資女職場小心眼

身在職場之海，必須隨時觀察「海面」的波浪，以防發生「海難」；當「海難」的訊息來臨時，則應通曉各種「急救」措施，以免成為無辜的「殉難者」。

第28忌
諂媚上級、欺壓下級做不討好的兩面派

混跡職場，妳也許聽說過這樣一句話：「金字塔上是人尖兒，金字塔下埋白骨。」沒錯，身處職場的妳應該明白，職場就是一座不折不扣的「金字塔」，從職場的底端走向頂端，是每個職場人的目標。

處於最底端的人，稱之為「白骨」；同理，處於頂端的人，稱之為「白骨精」。當妳恰好居於兩者之間時，既要應對上面的「白骨精」，又要面對下面的「白骨」，該如何才能將二者的關係處理得恰到好處呢？也許答案再簡單不過了，把自己塑造成「雙面膠」，既黏著上面又黏著下面，圓融處事，妳的職場人際關係就會固若金湯。

妳是否站在「金字塔」的腰上

在企業的內部、在傳統的職場關係中，永遠會存在一個「金字塔」的結構關係。既然是個「金字塔」，就必然會有上下之分，也就必然會有不平等的現象存在。

在這樣的結構關係中，處於最頂端的人是核心人物，對待居於下方的人，最普遍的態度就是「俯視」；而處於最底端的人是基層員工，除了「仰視」站在頂端的人之外，還要努力地向頂端爬；居於他們中間的，則是既不夠格站在頂端，又比底端出色一些的人。這些人既要尊重上司，博取上司的賞識與信任；又要籠絡下屬，得到下屬的支持與擁護。稍有差池，就可能把自己推入「上不信、下不護」的絕境。如果妳恰好是這中間層中的一員，是否還在爲自己既得不到上司的信任、又得不到下屬的支持而煩惱？是不是在對待上司與下屬的關係中，遇到了難以化解的難題呢？

上司既然能夠成爲妳的上司，肯定在某方面有過人之處，居於下位的妳尊重他、聽從他的指示，是十分必要的。尊重上司並不是要妳獻殷勤、拍馬屁，那樣不但會讓同事們反感、對妳嗤之以鼻，還有可能拍到「馬蹄子」上，引起上司的厭惡。對待下屬，固然是要建立一定的威信，才能有助於管理，但並不是說採取「高壓」政策，一味地欺壓下屬，那樣會激起下屬的反叛情緒。自古以來，正因爲「官逼」才會有「民反」，不是嗎？

上下都得罪當心背後黑手

做為一個中級管理者，如果有了欺壓下屬的做法，那就準備到上司面前接受批評吧！古語說：「水能載舟，亦能覆舟。」下屬能夠擁護妳上臺，也能經由「暴亂」將妳趕下臺。一旦妳有了嚴重的「欺下」行為，無論再怎樣想辦法彌補，也可能無濟於事了。再加上，男下屬對於女上司，或多或少地都會有一絲不服氣，總會質疑女上司的能力，並想要取而代之。如果下屬直接向妳下「挑戰書」，明刀明槍地「宣戰」，或許妳會很賞識他的勇氣與魄力，也很樂意接受他的挑戰；可是在很多時候，下屬採取的是暗地裡的動作，在不知不覺中拉妳「下馬」。

或許妳也遇到過這樣的情況：下屬總是在背後算計妳、暗地中傷妳，還越級打妳的小報告。妳好不容易在上司那裡建立的信任，也很有可能因此而「破產」。

阿玫去年榮升財務部主管。近來，她發現辦公室的氣氛怪怪的。她總感覺以前是平級、現在是下屬的同事們，看自己的眼光、對自己的態度都不如從前。難道眞的是因為升職讓自己跟大家的關係變壞了嗎？有很多次，阿玫去茶水間時，都看到幾個同事在竊竊私語，見自己過來就裝作若無其事地散開。阿玫知道她們是在議論自己，當時她也不怎麼在意，一來自己沒聽到什麼具體內容，不好發作；二來不就是被人說幾句壞話嘛！也不會怎麼樣。於是，阿玫依然按照自己的原則，建立自己的威信，管理自己的工作。

然而，人的忍耐力都是有限度的。一次，阿玫又聽到了一些閒言閒語，她終於忍不住了，衝到辦公室大發雷霆，還揚言說要扣掉大家的年終獎金。大家嚇得面面相覷，都不敢說什麼。

事後，阿玫仔細想了一下，覺得自己的做法有失妥當，畢竟員工在背後議論上司是很常見的事，而且大家並沒有犯工作上的錯誤。於是，阿玫就藉著一個機會，委婉地向大家表示了歉意，並說年終獎金會照例發給大家。本來，阿玫以爲這件事就這樣過去了。可是沒過多久，阿玫被經理叫去談話。一個小時之後，儘管阿玫盡力掩飾，但還是能看得出她的情緒十分低落。她一個人上了公司的天臺，坐在空曠的角落，任風吹亂了自己的頭髮，經理剛剛的話又迴盪在耳邊：「阿玫啊，我知道妳急於建立自己的管理風格，可是也不能太不顧公司的整體模式了。近來我聽到一些人反應，說妳經常對下屬採取高壓政策，只向他們要業績，卻不顧他們自身的發展。妳這樣做很容易失去人心的。這樣吧！妳的職位變動，我再考慮考慮。」阿玫大概知道是哪幾個人在背後搞的鬼，也不想去追究。她只是不明白：自己已經道歉了，眞的用得著這樣嗎？

阿玫對下屬做出了太激烈的行爲，再想挽救時已經太晚了。本來阿玫的位置就遭到大家的質疑和嫉妒，她自己還授人以柄，給同事一個推翻自己的機會，即使道歉又有什麼用呢？

「中間人」的處世哲學

身在職場大環境中的妳，要想不被職場小人「陷害」，要建立和諧的人際關係，最明智的做法就是將自己塑造成「雙面膠」，既「黏」住能夠給妳賞識與信任的上司，又「黏」住能夠給妳擁護與支持的下屬。

要學會「黏」住上司，就要做到：盡可能多跟上司溝通，讓他知道妳平時都在做什麼，也讓他對妳的能力有基本的瞭解；盡可能把自己取得的成績和榮譽歸於上司，向他表示妳的忠誠，妳才有可能得到同樣的回報；關鍵時刻挺身而出，爲上司排憂解難，逐步建立妳不可取代的地位；當上司搞砸一件非關原則的事情時，盡可能替他承擔或推託責任，讓他看到妳的「仗義相助」，以便妳在關鍵時刻得到幫助。如此，妳才能眞正成爲上司的「心腹」。

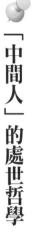

要學會「黏」住下屬，就要做到：讓自己具有橫溢的才華、無人能取代的素質，從根本上得到下屬的信服；掌握跟下屬的溝通技巧，不能居高臨下，不能咄咄逼人，不能「高壓」強制；在日常工作中多「看得到」下屬，下屬的需求要盡力去幫他們實現。如此，妳才能跟下屬做到「親如一家」，也就不用擔心會有人不服妳，在妳的背後使小手段了。

職場人際關係本就是一門複雜的功課，需要多努力才能令上司及下屬都滿意。在這個本來就不公平的「金字塔」結構裡，居於中間位置的妳更要運用聰明的頭腦，去妥善處理與上司、下屬的關係，才能在職場上進退自如、輕鬆處事。

小資女職場小心眼

職場本就是一個「金字塔」，有上有下，沒有絕對的公平可言。在人人都力求爬向頂端的競爭中，職場女性必須要理智地處理與上司、下屬的關係。媚上欺下、兩面三刀最要不得，那樣既得不到上司的賞識，也得不到下屬的支持。

第29忌

總做「無用功」不懂展現自我

「老好人」通常比較受歡迎，他們逢人就幫，每個人都覺得他好。在職場中也有這樣的人，總是不求回報地幫助別人，或者默默無聞地做事。妳是職場老好人嗎？也許妳認為自己人緣不錯，同事對自己都和和氣氣的，可是妳要知道同事為什麼對妳和氣很有可能是有求於妳。他第一次向妳求助時，妳想：只是小事情而已，就幫他做了吧！看到妳好說話後，其他同事也會找妳幫忙，妳一想：都幫別人了，就好人做到底吧……就這樣，妳日復一日地幫著別人做雜事，自己的本職工作卻被忽略了，無法得到更好的發展，這就是「龍套女」的悲哀啊！每個公司都有其核心力量，那才是公司不可或缺的部分。如果妳游離在這個圈子之外，只做一些邊緣雜事，那麼不但會給大家留下「跑龍套」的印象，還會在發生人事變動時，成為首批被裁員的目標。

不要總幫別人做雜事

有些公司有不成文的規定，新來的員工要腿勤腳快，給老員工做些雜事。這種風氣先暫且拋到一邊不做評論，然而，有很多女孩子已經工作了很長時間，依然是別人呼來喚去的「小角色」，每天爲別人跑腿，甚至幫別人做事已成了自己的任務。這樣的女孩子就太沒有主見與自我了。有沒有看過偶像劇《命中註定我愛妳》？其中陳喬恩扮演的那個「便利貼女孩」是不是給妳留下很深刻的印象？「職場便利貼」，指的就是那些隨時可能被別人需要、發揮一點不甚重要的作用，然後就被隨手扔掉的角色。他們常常被指派做很繁雜的小事，甚至會犧牲個人時間來成全同事的「事業」，最後卻讓自己走入職場的死胡同。

小美進了一家新公司，由於初來乍到，她做事很小心，對於別人提出的要求總是有求必應。比如，誰想下班早走時，叫小美來替自己加班，小美從來都不回絕，總是一口答應。就算別人沒有要求時，小美也是很早來到公司，打掃、收拾。當同事們陸續走進辦公室，只要誰說一句「沒吃早飯」，小美總會殷勤地說：「我去幫妳買。」久而久之，小美成了大家心目中的「小妹」，辦公室的雜事成了她的義務。剛開始，小美還很高興，認爲自己的人緣很不錯；但隨著工作的漸漸增多，她沒有多餘的時間再幫人跑腿了，這時，同事們反而覺得小美沒有完成工作，接二連三地抱怨起來，有些牙尖嘴利的同事甚至冷嘲熱諷：「擺什麼架子？又不是以前沒做過。現在翅膀硬了，就不

肩做了？」礙於情面，她不得不做，可是這樣便嚴重耽誤自己手頭的工作，爲此她非常苦惱。

小美的心情讓人非常理解，年紀小、又初來乍到，本想以「腿勤腳快」來和同事搞好關係，誰知卻讓自己走進了一個死胡同。和同事搞好關係當然是必要的，但要分情況對待。假如說，好的人際來自於同事對妳的「方便指示」和「利用」，那就背離了正確方向。因此，職場女性，尤其是職場新人，千萬不可陷入這樣的迷失。

看看妳是不是一個超級便利貼吧？便利貼女孩有兩大特點：

一、**招之即來，揮之即去**。具有「便利貼」特質的女生，總是對別人的要求持順從態度，甘願將自己的時間奉獻出來，幫同事做一些沒有意義的瑣事。不管同事何時需要，她們都隨叫隨到，幫同事做完事後，又會乖乖地消失掉。

二、**安靜得如同不存在**。「便利貼」不僅好用，而且「不黏手」。在不需要的時候，她們總是在安靜的角落裡，乖乖做著自己的工作。而在別人需要時，也總是沒有半句抱怨，靜靜地將對方交待的事情做好，再靜靜地離開。

雖然「便利貼」女孩看似有很好的人際關係，但卻並不能眞正得到別人的尊重。相反地，那些平日對「便利貼」女孩笑臉相向的人，也許正是打從心底裡最瞧不起她們的人。從另一方面來說，「便利貼」女孩的發展前途也是岌岌可危的，只能被定位在碌碌無爲的小角色上。

所以，要想獲得晉升，必須先改變自己的角色定位。「便利貼」女孩們，趕快大喊：我要變身，我要做主角！

從「小妹」向「御姐」蛻變

姐妹們，趕快擺脫便利貼的噩夢吧！做霸道的「強力膠一族」，不是更好嗎？「強力膠」很難

被忽略，他們精幹獨立、重視自己，不做別人的附屬品，是團隊中的出色分子。

在面對別人的無理要求時，一定要學會說「No」。很多時候，拒絕別人是比較困難的，遠不如答應來得愉快，這就是「便利貼」女孩形成的心理因素。對於習慣了說「是」、「可以」、「好」的「便利貼」女孩來說，最需要的就是學會拒絕。拒絕是一門人際交往的藝術，必須做得恰到好處。不懂拒絕的人，面對同事的請求時，不但會尷尬自己，還會讓同事感到不悅。

「便利貼」女孩一般都存在「職業盲從」的現象，這些女孩往往是對自己的職業沒有規劃，沒有一個前進的目標，才會跟著別人的腳步行事，處處聽從別人的指揮。有的女孩大學畢業後工作多年，依舊沒有一個長遠的打算，這就難以有進一步的發展。如果對自己身處瑣碎事中沒有警覺，久而久之，也就淪爲被使喚的命運。所以，職場女性一定要制訂一個相對完整的規劃，清楚知道自己的人生方向。只有如此，才能避免陷入盲從中。

如今的職場再也不是一個「好說話」的地方，更加沒有人情可講，「便利貼」女孩的忍讓、順從，在現代職場並不適用。要想在職場中有所發展，就要避免做過多的雜事，而要抓住有較大發展的機會。職場中的機會並不常有，如果想即時抓住，就要懂得展現自身價值，或參與到競爭中，讓自己得到提升，而不是做無意義的事。職場女性一定要記住，只有突出妳的個人價值，才能贏得上司的賞識和認可。正如微軟總裁鮑默爾（Steve Ballmer）在給新人演講時說過的：「不論你做了怎樣優秀的工作，不會表達、無法讓更多人去理解和分享，那就幾乎等於白做。」

所以說，任何一件事都需要策劃或經營。未雨綢繆、審時度勢，不要僅僅爲了謀生而工作，妳要爲自己取得生活的安排權。雖然不提倡妳成爲一個「權力狂」，但妳一定要大聲對自己說：我的職場我做主，我想當主角！

要努力工作，也要展現自我

很多女人說，多跑跑腿是自己工作努力的表現。這種想法從某種角度來說也沒什麼錯。但是，即使再努力，如果沒有用在正確的事情上，那麼到頭來也只能是白辛苦一場。比如，妳本來可以將精力放在攻克工作難題上，卻跑去幫別人印東西；本來應該多去市場考察，卻到商店去幫別人買點心……類似這樣的做法，不是展現努力，而是將自己不聰明的一面展現了出來。被老闆看見，恐怕對妳的第一印象是「沒主見」，甚至是「受氣包」，而絕對不會是「工作努力」、「能幹」等等。這樣一來，妳在老闆心中的位置只會降低，而不會升高。因爲妳現在做的事情，是無法讓老闆放心將重要的任務交給妳的。

因此，如果女人想要在工作，有所升遷，就一定不要再做那些無謂的、不必要做的小事，而要將眼光調轉一下，放在那些有意義的大事上。一旦妳的精力放對了地方，總有一天妳會發現，自己有了一個大的突破，再也不是從前的「小妹」了。

安妮是個活潑伶俐的女生，大學畢業後在一家公司擔任文案工作，負責公司一些活動的策劃。一進職場，安妮覺得很新奇，對同事也感覺很親切，彷彿大家都是多年未見的親人，所以，她表現得十分熱情。看見別人想去影印，就連忙說自己正好也要影印，就「順手」幫別人做了；看見別人拿起掃把，就趕緊說自己座位下的地面也髒了，順便一起掃掃。安妮想，自己這麼熱情，沒有功勞也有苦勞，別人總會喜歡自己的。但誰知，在安妮試用期結束後，老闆直接給了她一封辭退信。信中只有一句話：妳很努力，可惜將努力放錯了地方。安妮看著這句「殘忍」的話，想著自己兩個月來沒有長進的文案，似有所悟了。

安妮的案例充分說明了，員工努力的方向必須是自己的工作。只有工作做到位了，才能讓老闆

刮目相看。如果將精力放在一些雜事上，那麼老闆給妳的定位就只能是「做雜事的」、「擔當不了大事」。一旦有了這樣的定位，妳就很難「翻身」了。

小資女職場小心眼

早日擺脫「便利貼」的陰影，妳才能更好地工作和生活。馬上開始轉變吧！從那些瑣事中釋放自己，制訂一個長期的職業規劃，為自己而活！一旦擺正方向、轉變成功，妳會發現與做小事相比，做大事原來是那麼的有成就感。

第30忌
眼高手低，總認為自己能找到更好的工作

古語有言：「男怕入錯行，女怕嫁錯郎。」而在現代社會，不光是男人，女人也怕入錯行。很多女人總是認為自己的工作不理想，於是換了一個又一個，可是最終還是沒有找到最理想的工作。而等她們開始想要重新開始，認真做好某個工作時，公司卻以年齡太大為由而拒絕。其實，行行都可出狀元，為什麼總要執拗地以理想的工作為參照物呢？這不是既徒勞又傷身嗎？

理想很豐滿，現實很骨感

當學業接近尾聲時，妳是不是開始像憧憬白馬王子一樣，憧憬著美好的事業？可是一旦眞正進入職場，妳便會發現現實可能是這樣：工作和專業不相符、薪水太低、沒有發展前途、工作環境太差，每天都要重複類似的工作，枯燥而乏味，還得被呼來喚去，累得半死。

理想總是豐滿的，現實卻是那麼的骨感。難道理想和現實天生就喜歡唱反調嗎？可是爲什麼有些人能找到自己理想的工作呢？其實，理想和現實的背道而馳都是自己造成的。試想，如果妳一開始便知道眞正想要的工作是什麼，然後堅持這一理想，到現實中去實現，永不變心，那麼總有一天，妳會獲得實現理想的機會。

所以說，很多職場女性之所以感到現實很殘酷，總是認爲自己的工作不理想，就在於她們沒有堅持去實現自己的理想，而是礙於「吃飯」的現實問題，抱著「先賺錢再說，然後另謀出路」的心態，暫時工作著。由於總是抱著「暫時」的態度去工作，理想便會離現實越來越遠。

周舟的理想是在證券公司當理財規劃師。畢業兩年來，她連跳了八次槽。畢業之初，由於受金融危機的影響，周舟沒能進入她理想中的證券公司，而是去了一家會計公司。公司考慮到她剛畢業，而且還不是會計專業出身，便給她安排了櫃檯的工作。

周舟覺得很委屈，她一個優秀的金融專業畢業生，居然當櫃檯，說出去太丟臉了。可是考慮到

現狀，能找到工作就很不錯了，於是，她便委曲求全地當起了櫃檯。然而，三個月後，忍無可忍的周舟終於辭掉了櫃檯的工作，決定去證券公司碰碰運氣。

一天，兩天，三天……一個月後，周舟幸運地被一家證券公司聘用了，職位是客户經理，其實就是負責找客户到公司開户的「獵人」。但那時，股票盤跌不止，哪有人敢開户做股票？因爲拉不到客户，周舟便求一位好友到公司開了個空户，以免一個月績效爲零。因爲找不到有效客户，周舟只能拿到最低的薪水，根本養不活自己。

於是，幾個月後，她又選擇了離開。此後，周舟每找到一份工作，總是先湊合幾個月，然後再找。如今，她又一次進了

一家證券公司，當起了客戶經理，每天都出去尋找客戶。可是每個月下來，她的績效都是倒數。周舟總是在想：理想的工作什麼時候會出現呢？

當今社會，最不缺的就是人，甚至人才也比比皆是。很多人自視甚高，期望太大，在選擇工作時就顯得有些不切實際。尤其是剛畢業的新人，最應該做的就是在一家公司踏實地做下來，哪怕對那裡的環境、待遇多麼不滿意。

在工作中，可以學到很多學校裡學不到的東西，這才是最寶貴的。古語云：「十年磨一劍。」很多人連工作經驗、業務技能都還沒掌握好，就渴望高薪職業、良好的工作環境和福利，這就有點說不過去了。因此，職場女性要改掉愛「做夢」、愛幻想的特點，踏踏實實地先將自己的「劍」磨鋒利，才能在以後的路上有資格追逐夢想。

將不滿轉化為努力的動力

對自己的工作有不滿很正常，關鍵是如何面對不滿的情緒：是任情緒支配直至放棄現有的工作，還是學會將情緒轉變爲奮發的動力？答案當然是第二個。如果像上文的周舟那樣，再好的理想也會被現實淹沒。所以，女人應該堅守自己的理想，直到在現實中找到理想的工作。如果妳不想堅持，那麼就不要抱怨，也不要觀望，而是活在當下，認眞地把現有的工作做好。正如一位跨國集團

的高階主管所說：「其實，理想中的工作是不存在的，就像理想中的情人不存在一樣，妳必須接受現實。在目前這種競爭激烈的環境中，能有一份工作就不錯了，所以要靜下心來，把最基本的事情做好。這個世界是公平的，同樣的環境，爲什麼別人可以成功？因爲他們有動腦子思考，他們不怨天尤人，否則就可能陷入困境，總也找不到自己理想的東西。目標越高，達不到目標時的失望就越大。所以快樂是現實和目標的差值。」

是啊，爲什麼要那麼死心眼呢？既然理想已經遙遙無期，爲什麼不能把心收回來，放在現有的工作上呢？既然別人可以在同樣的工作上獲得成功，妳爲什麼不能呢？俗話說：「行行出狀元。」只要妳努力了、用功了，只要妳善於運用聰明的大腦，並持之以恆，妳也能成爲這一行業的狀元，實現自己人生的華美蛻變。

蘇雪在大學主修的是美術，畢業後，她來到一家文史類圖書公司應徵美編。由於該公司暫時不需要美編，只需要文編，所以蘇雪在公司的建議下，先做了文編的工作。剛開始，蘇雪束手束腳，總覺得自己不是中文專業畢業的而不敢寫東西。後來，在主編的引導下，蘇雪很快進入了編輯的狀態。此後，蘇雪每天都嚴格要求自己，按質按量完成公司交給的任務。她發誓，就算做的不是和專業相關的工作，她也要盡最大的努力；她相信，就算自己不是中文專業出身，也能夠把編輯工作做好。懷著這樣的念頭，蘇雪做編輯越來越得心應手，不到兩年時間就達到了主編的水準。三年後，蘇雪已經成爲文史類圖書界非常知名的主編了。

與專業不符的工作本來是難以讓蘇雪滿意的，但是蘇雪的聰明之處在於，她沒有抱怨，而是將不如意轉化爲動力。即使在不擅長、不喜歡的工作職位上，也要努力做出一番成績。將來即使離開了，也應該是因爲自己想嘗試別的行業，而絕不是因爲做不好工作。當蘇雪坐在知名主編的位置上，回望走過的路時，她還會在意符不符合專業這件事嗎？還會想回去重新做美編嗎？答案恐怕是否定的。

小資女職場小心眼

俗話說：「沒有最好，只有更好。」一個人心懷理想沒有錯，但是，當理想被現實架空時，就不要再對它朝思暮想了。現實的工作才是妳最好的舞臺，只有努力工作、一心奮鬥，才能使妳的人生過得有意義。

第31忌 勢利眼 只和同級或上級交流

俗話說：「人往高處走，水往低處流。」每個人的生活目標都應該是積極向上的，這點毋庸置疑。但有些人將這句話誤解了，只和比自己有成就或者同級別的人交往，而不去和不如自己的人在一起。尤其在職場中，這點表現得極為明顯。職場確實是個利益交換的場所，所以，職場中很多人為了獲取更大的利益，都喜歡和職位高、權力大、和自己有直接工作關係、對自己有利用價值的人交往。至於那些職位平平、沒有權力、和自己工作沒有多大關聯、對自己沒有利用價值的人，則拒絕交往。殊不知，一些看起來沒有利用價值的人，在妳有難時，說不定關鍵的突破口就在他們那裡。而且，這類人很可能是潛力股，在未來一飛沖天，讓曾經冷落他、歧視他的人捶胸頓足，悔恨不已。

「小人物」也許蘊藏著「大智慧」

很多職場女性習慣「眼睛向上看」，覺得一些做基層工作的小職員不值得打交道。但是，往往就是那些不被人看好的小人物，有可能蘊藏著驚人的「大能量」。如果經常看周星馳主演的電影的人，不難發現他電影中一個重大的模式，那就是一些貌不驚人、行爲平常的小人物，往往才是眞正的高手，即「小人物做大事情」。在《功夫》一片中，「小人物做大事情」的模式可謂大放光彩。在故事之初，主角阿星本是個一心學壞、混跡街頭的混混，但後來卻轉身變成叱吒武林的武林高手，連天下第一高手都敗在他手下。

在職場中也有一些人，其貌不揚、表現平平，因此，他們總是被同事、上司忽視甚至歧視。但是，突然有一天，人們卻詫異地發現，不被人看好的麻雀居然扶搖直上，成了人人仰慕的鳳凰。這便就是古人所說的：「人不可貌相，海水不可斗量。」

李蘭和她的名字一樣平凡、普通。大學畢業後，憑著平平的面試成績來到了一家軟體發展公司，她的到來根本沒引起同事多大的注意。爲了給同事留一個好印象，李蘭主動和同事們打招呼、聊天，但同事們大多只是應付她，李蘭覺得非常失落。在李蘭來的第三天，又來了一位新同事——石楠。據說石楠很有來頭，是總經理的外甥女，而且畢業於頂尖國立大學。石楠一來，就受到同事們的熱烈歡迎，端茶倒水的、主動介紹的、噓寒問暖的……看見同事們和石楠有說有笑，李蘭的心

裡難受極了：「我們同樣都是初來乍到，爲什麼她能受到如此禮遇，而我的主動和熱情卻被當成空氣？」後來，李蘭得知石楠有著強大「背景」，心裡便不計較了，因爲她知道，職場中人像某些昆蟲一樣，有「趨光心理」。李蘭在心裡暗暗爲自己打氣：「雖然我的能力一般，更沒有什麼背景，但我有很強的求知慾、上進心和吃苦耐勞的奮鬥精神，我在大學期間還有很多兼職經驗。所以，我一定要把最好的自己表現出來！加油！」

半年後，李蘭憑著自己的奮鬥，終於嶄露頭角；一年後，李蘭因研發的項目拿到國際技術一等獎而被老闆和同事刮目相看；一年半後，李蘭終於被提拔爲研發部的專案經理。「步步高升」的李蘭令她的同事刮目相看。而那位很有來頭的石楠，卻在工作一年後以不適應工作環境爲由離開了公司。

職場中的一些「小人物」，雖然沒有多高的職位，更沒有什麼權力，但他們身上或許藏著非同尋常的資本，如資歷高、經驗豐富等，只是還沒有顯露出來而已。所以，聰明女人永遠都不要小看「小人物」，否則，將來妳很可能要懊悔當年的眼光了。

善待「小人物」，妳會有大收穫

「小人物」隨處可見，但身居平凡職位的人並非就沒本事、沒優勢。職位沒有貴賤之分，再平凡的職位上，也有可能誕生不平凡的人物。我們可以看到，在一個公司、部門，無不存在著「小人物」，如櫃檯、接線員、後勤人員等。雖然這些「小人物」永遠都可能是「小人物」，但他們也有自己存在的意義，對一個公司、部門的運作，起著非常重要的作用。所以，他們和「大人物」一樣，都是一個公司、部門必不可少的組成部分。如果妳要選擇交朋友，而且妳也只是一個很普通的員工，妳應多和「小人物」相交，而少和「大人物」相交。

和「大人物」相交，雖然可以獲得不少好處，但妳要付出的往往很多。首先是心理壓力，「大人物」總是給人一種威嚴的、必須予以仰望的感覺；其次是時間，「大人物」總是很忙，而且活動的圈子特別大，對於一個普通的小員工，他們一般是懶得搭理的，所以要想和他們相交，妳就必須經常往他們那裡跑，直到他們接受妳爲止；再次是金錢，和「大人物」相交，一般都是要花不少錢的，如請他們吃飯、玩樂，送個小禮物什麼的。而和「大人物」相交是一種高風險的投資，「大人物」總是高高在上，妳的付出不見得就能有回報。除非妳是一個很有手腕的人，否則，別輕易和「大人物」相交。

相反地，和「小人物」相交就是另一回事了。他們不會給妳什麼壓力，也不用妳天天「死纏爛打」，更不需要妳使用「金錢策略」。妳只需在平時多和他們打打招呼、聊聊天，有空的時候一起出去玩玩，他有困難的時候妳幫一把，有好處時分一點給他們就可以了。和「小人物」相交是一種低風險、高回報的投資。當妳遇到困難時，當妳在棘手的問題中一籌莫展時，他們會挺身而出，爲

妳解圍，替妳出謀劃策。

一隻獅子在外面閒逛時，無意中救了一隻落水的螞蟻。螞蟻對獅子感激極了，對獅子說，有朝一日一定會報答獅子的。獅子不信，但還是點了點頭。一天，獅子出去覓食，不小心掉進了獵人設好的圈套裡。那隻螞蟻碰巧路過，發現了被困的獅子，於是，螞蟻跑到捆綁獅子的套子上，一點一點地努力咬，半天時間後，套子被螞蟻咬出了個大洞，獅子奮力一蹬就出來了。

當妳相交的「小人物」在轉變成爲「大人物」時，他是不會忘記妳的好的，他會邀妳同享他的成功，並助妳一臂之力，讓妳少奮鬥幾年甚至幾十年。

阿楨大學畢業後在一家裝潢公司做業務，主要負責到各大公司走訪、考察、拉客户。這對於剛畢業、沒有銷售與推銷經驗的她來說是很難的。她每天穿梭在各大公司之間，閉門羹吃了不少，客户卻沒拉到一個。

然而，阿楨有種十分樂觀的精神，不管工作多麼不順利，她始終能保持高昂的情緒，路邊偶然有人需要幫助，她也會伸出援手。一天，阿楨聽說一家公司打算裝潢，便急忙趕了過去。她趕到時，發現已經有很多業務員在與那家公司談了。輪到她時，只說了幾句，負責人就推說有事，請祕書將她送了出來。「又失敗了。」阿楨嘆了口氣，慢慢走進了電梯。

電梯裡站著同樣遭遇失敗的幾家公司的業務員和一個清潔工。幾個業務員有意站在離清潔工較遠的地方，那清潔工卻像沒看見一般，主動和他們打起了招呼：「沒談成吧？」幾個業務員斜眼看了清潔工一眼，紛紛露出「你一個清潔工懂什麼」的表情，沒有答話。阿楨不忍讓清潔工尷尬，便說：「是啊，跟我們競爭的公司太強了，只好再等機會了，呵呵。」清潔工笑笑，沒有再說話。

電梯到了一樓，業務員們紛紛走了出去。清潔工偷偷將阿楨拉住，告訴她：「八樓一家剛開業的公司要裝潢，因爲經費吃緊，所以不求品質太好。妳們公司讓點利潤出來，應該沒問題。」阿楨又驚又喜，連忙謝了又謝，轉身又上了八樓。

一個小時後，阿楨滿面笑容地又進了電梯，這是她談成的第一個客户，不光有豐厚的抽成，還能在她的業績冊上寫下輝煌的一筆。阿楨突然好奇起來，跑到樓下找到清潔工，道謝後問道：「您怎麼知道這麼詳細的情況呢？」清潔工嘿嘿一笑：「那是我兒子的公司，我在家閒來無事，就來這裡做清潔工，當作是鍛鍊身體了。」

不管怎麼說，我們平時應多和「小人物」相交，多個朋友多條路。如果臨時抱佛腳，有事才登三寶殿，那就已經晚了。

小資女職場小心眼

在職場中，聰明女人千萬不要歧視那些「小人物」。「小人物」雖「小」，但他們卻有獨特的價值，多和他們結交，妳會獲得意想不到的回報。若有一天，「小人物」升級為「大人物」，妳的回報則更大。

第32忌 異性過於相吸和男同事走得太近

俗話說「同性相斥、異性相吸」，這句話有很深刻的道理，不但在生活中如是，職場中也如此。在職場中，女人對女人或多或少都有些敵意，但男人對女人卻不一樣，他們總是以紳士的態度去對待女同事，不僅喜歡照應女同事，還對女同事有求必應。所以，職場中有很多女人都喜歡親近男同事，並只把男同事當成知己。但這些女人有時把握不了分寸，把知己的關係轉變為曖昧，讓別人誤認為自己是「狐狸精」。

只和男同事打得火熱，會讓妳成為異類

除了一些極特殊的行業之外，大部分職場中都是男女一起辦公。通常我們看到的情況是：在休息時間，不是男女成群結夥在一起聊天，就是男士和男士相伴、女士和女士湊在一起。如果在休息時間，女同事和男同事單獨相處，次數少的話沒人會說什麼，但如果整日在一起，那麼難免會讓人有所猜想。

如果哪個女人只和男同事待在一起，從來不參與女同胞的活動，那麼就更會引來女同事們異樣的眼光。從另一個角度來說，同性的人在一起的話題往往更多，而異性之間在一起，話題難免會涉及到男女之情。所以，職場女性如果不想給人留下不穩重的印象，就要盡量少結交男同事，多和女同事在一起。

另外，有些職場女性喜歡和男同事在一起工作，遇到要和同事討論的課題，就會先湊到男同事身邊。雖然說「男女搭配，工作不累」，但也要注意其影響力。過分頻繁地和男同事在一起，只會讓人感覺這個女人太「喜歡」男人。試問，有什麼事不能和女同事商討呢？動輒就湊到男同事身邊，到底是爲了交流問題，還是爲了找機會和異性待在一起而已？

還有一個問題不可忽視。女人的嫉妒心是最強的，雖然她們不會整日和男同事待在一起，但是看到妳那樣做，難免會產生嫉妒心理。畢竟，有男同事願意整日奉陪的女生，一定是有些魅力的。

如果常常顯示出這種優勢，那麼別的女同事肯定會「忌」上心頭。一旦成爲女同胞的「公敵」，那妳的日子就不好過了。

小嫻文靜可愛，還有優美動聽的嗓音。她剛進公司的那天，女同事們還以爲又多了一個姐妹，辦公室會更加熱鬧。但誰知進公司的第一頓午餐，小嫻就和男同事在一起吃飯了。其餘的休息時間，更是非男同事不聊。

對於辦公室的女同事，小嫻充其量只打個招呼，從來沒有多說過幾句話。遇到不懂的問題時，小嫻也總是撒著嬌去找男同事詢問。慢慢地，小嫻成了「男士」中的一員，而女同事們也都有默契地不再和小嫻多搭話。

轉眼春節到了，公司爲了活躍氣氛，辦了一次大型的員工活動。各部門都紛紛拿出自己拿手的節目。小嫻所在的部門人比較多，爲了讓大家都參與，部門經理就想出了一個小遊戲。這個遊戲需要分三個人一組，但必須要同性分在一起。經理說完規則後，平時經常在一起的人就開始自動地站到一起組隊。尷尬的是，這個部門剛好有十個女生，小嫻馬上就成爲剩下的那個了。看著另外三組抱成團的女生，小嫻感覺很孤立。

經理忙說：「規則其次，主要是開心，三個四個都無所謂。」這話說出口後，依然沒有哪組女生邀請小嫻加入。相反地，倒是有幾個人將目光投到了男生組……

小嫻的做法，無疑是自食惡果了。雖然和男同事在一起被照顧、被哄著的感覺比較好，但很多事情是異性朋友無法幫忙的，必須要有同性朋友的說明。否則到了關鍵時候，就只能尷尬出醜或者自己傷腦筋了。

永遠別和男同事玩曖昧

妳是不是遇到過這樣尷尬的場面：下班後，妳和一位很要好的男同事去餐館吃飯。面對面坐下後，正眉飛色舞地聊天，這時，服務員過來問：「請問，先生和太太需要點什麼？」

是啊，在現代人的眼裡，一對一起進出、舉止親密的男人和女人，似乎都是情侶或夫妻。在現實生活中，很多不是情侶或夫妻的男女，往往會被誤認爲是情侶或夫妻。

所以，爲了避免旁人的誤會，女人在和男同事相處時，應該保持一定的距離，把握好分寸，而不要大演「曖昧」戲碼。否則，妳很容易被旁人誤會。

更重要的是，如果妳和男同事曖昧，可能還被對方誤會，認爲妳對他有意思。如果和幾個男同事出現這種狀況則更糟糕，一方面，妳會被人認爲是水性楊花；另一方面，幾個男同事若在差不多的時間向妳表達愛意，那時候妳可就慘了。

可薇在服裝設計公司工作，她熱情大方、活躍奔放，很有男人緣。她也總是和男同事一起說笑、吃飯、外出遊玩、唱KTV等，時不時還摸摸男同事的頭髮、扯扯男同事的衣服，甚至還和男同事

勾肩搭背、稱兄道弟，有時還會對某男同事開玩笑地說：「是肌肉男嗎？什麼時候讓我來驗證一下啊？」男同事們也樂意和她交往，也會去摸摸她的頭髮，誇她的髮質好，有時甚至還會開玩笑地說她的胸如何如何。可薇眞的喜歡和他們在一起，保持著一種曖昧但又只是普通朋友的關係，因爲她覺得這樣可以獲得更多的關照和寵愛。但後來發生了一件事，讓她陷入了苦惱之中——

在情人節的前一天，可薇接到了七位男同事的曖昧簡訊，其中有五位說喜歡她很久了，希望她接受並共度情人節。可薇一下子傻住了：「他們是喝醉酒了？還是說好一起來戲弄我？」此後的幾天，那五位男同事經常發簡訊給她，問她考慮得怎麼樣了，還請她共進晚餐或是送她回去。可薇這才知道他們說的都是眞的。她還不想談感情，而且關鍵是她對他們都沒感覺，但又不能直接給予否

定答案，因爲不想傷害他們，所以，每次都含混以對。爲了避免男同事的「騷擾」，更爲了擺脫尷尬的處境，可薇以身體不適爲由請了一週的假。本想藉此機會清靜一下，順便找到合適的解決方法，可是沒想到，第二天中午，男同事們不約而同地來到她的住所，還帶著各種水果、零食、營養品等。可薇只好猛裝咳嗽，把男同事們心疼得——倒開水的倒開水，拍背的拍背，還有全然一副擔心表情、不知所措的。被男同事「關懷」了幾個小時，可薇被伺候得眞像病了似的。她知道逃避不是解決事情的辦法，反而會提升他們的關切度，但她眞的不知道以後該如何去面對那些男同事了……

可薇由於平時大演「曖昧戲碼」而讓男同事們動了眞情，最後陷入尷尬苦惱的境地。這是她自己釀成的苦酒。

女同事的威力不可小覷

在職場中，女人和女人之間常常互相比較、暗生妒意，所以，有些女人爲了避免捲入無形的戰爭中，便只和男同事交往。男同事對女同事總是熱情大方，還懂得體貼、關照女同事。可是，也不可小覷女同事的威力，畢竟在這個世界上最瞭解女人的不是男人，而是女人。

當妳因來月事而痛苦時，妳不能跟男同事說，但可以和女同事說，可以問她們怎樣才能解決疼痛。當妳遇到情感方面的煩惱時，妳可能不大好意思向男同事取經，即使好意思問，妳的煩惱未必就能消除，畢竟男人總是站在男人的立場上想問題，他們不瞭解女人的心思；但如果妳問女同事，特別是已爲人妻或已有男友的人，她們便會以過來人的身分幫妳分析問題，即使是沒有情感經驗的單身女人，也會站在女人的立場上細心地開導妳。當妳想大哭一場時，妳可能會不好意思對著男同事大哭，但在某些女同事面前，妳便可放心地哭，無需壓抑自己，因爲女人都是非常脆弱而敏感的，她們能理解妳……

和男同事在一起，妳容易被他們感染得越來越像男人；而和女同事在一起，妳可以和她們一起探討如何化妝、到哪裡可以買到好看的衣服、哪道好吃的菜應該怎樣做等等，這樣妳會變得越來越有女人味。

和男同事在一起，妳容易走向兩種極端：一是妳可能會被很多男同事求愛，二是妳很難找到生命中的另一半，因爲男人會把妳看成是男人婆，是他們的兄弟。和女同事在一起，妳可以避免「臭男人」的死纏爛打，還可以在她們的幫助、指點下找到眞正屬於自己的另一半……

總之一句話，女人在職場，千萬不可小覷女同事的威力。女同事的力量看起來渺小，但發揮的作用往往是不可估量的。

小資女職場小心眼

和男同事相交，對於職場中的女性來說，固然好處多多，但也容易陷入尷尬、被動或痛苦的境地。而和女同事相交，雖然相互比較、妒忌不少，但是如果走進對方的心靈，妳獲得的好處將是很多的。

第33忌

急功近利 總想一口吃個胖子

妳聽過「職場豆芽菜」嗎？這是人們對職場中某一類人的稱呼。在一些發展快的新興行業，一部分新員工受重用快速升遷，然而其自身能力卻無法勝任新職位，人們把這部分人稱作「職場豆芽菜」。其實，不只是在新興行業，很多普通行業中，也有不少職場女性迫切地渴望成為「職場豆芽菜」。吸引她們的，大多是高薪、地位等因素，但她們卻沒有考慮到，如果經驗和能力還不足的話，這種不健康的職業道路會讓自己處於危險的境地。

急功近利，只能讓自己「畸形」發展

很多職場女性急於在工作中做出一番成績，總是工作還不久，就開始盼著升職、加薪。然而，在大多數傳統行業和職位中，看重的是行業資歷，另外還需要適當的機會。如果妳還沒有足夠的能力勝任這份工作，那麼，急速的提升只能讓自己的職業道路變得畸形和不穩定。

下面這個案例就是典型的「職場豆芽菜」的遭遇——

某公司要招聘行政部門主管，管理整個行政團隊，以及幫助完善該部門的管理手冊。爲了盡快找到人，他們開出了豐厚的待遇條件。招募啓事發出後，很快來了好幾個應徵者。經過層層篩選，最後選了一個在同行業做過行政主管、自稱很有該行業心得的女生。

但是實際做起來，公司卻發現這個人缺乏管理經驗，整理的意見不規範，做得雖然也算認眞，卻無法達到理想的效果。她所帶領的部門達不到公司要求的指標，人事主管只好第二週就給了她一封勸退函。

這位女生犯的錯誤就在於，她還沒有那麼多經驗，就對自己有「高要求」了。她謊稱能夠做好這份工作，但事實卻反映出她能力的欠缺，所以最後還是被辭退。

因此，建議那些剛剛步入職場的女生，不要因爲自己學歷高些或者能力強些，就急著讓職位和薪水也步步高升。職場裡最不缺的就是人才，妳只有韜光養晦，將自己歷練成少有的高級人才，才

能開口向公司提要求。也許到那時，妳根本不用開口，公司就已經發現妳的優勢了。在能力還沒有達到相對水準時，就要求升職、加薪是十分不妥當的，多半會引起老闆的不滿。即使公司需要留住妳，勉強爲妳提升了，而妳卻無法將工作承擔起來，那麼結果只會更糟糕。

別急著高升，先認真做好工作

職場女性要有穩步發展的意識，剛走出校園、不懂職場的女生更要如此。不要操之過急，在職業生涯的前幾年，應該將學習、累積經驗放在首位，將發展與自我提升安排在五年後。

初入職場的女生，應該充分瞭解到自己的實際狀態，在有序的學習中求得穩健的發展。同時，注意不斷進行充電，讓自己時刻跟隨時代步伐，隨時迎接挑戰。職場女性不要急功近利，盲目追求職位的晉升，要記住，打好基礎才是關鍵，才能讓自己笑到最後。

不可否認，每個人都有成功的慾望，升職、加薪是每一個身處職場的人都期盼的。但是，成功絕不僅僅在於妳是否勇於追求，而是妳是否具備相對的專業知識與經驗，這就需要在不斷的努力中提高自身能力。只有能力無可取代，才能承受得起「高職位」的考驗。

一些女生剛進入職場，就抱著急功近利的錯誤想法，結果往往事與願違。因此，一定要保持理智，牢記以下幾個原則——

一、**別指望埋頭苦幹就能得到提升**。認眞做好工作是職場中人必須要做的，但如果只知埋頭苦幹，那最多只能做個合格的員工，對於提升是沒有幫助的。

比如，許多職場女性爲了留下好印象，常常義務加班。但這樣做的後果，往往是「吃力不討好」。正確的方法，是在兼顧工作效率的同時，讓老闆看到妳的努力。如果整天只顧忙忙碌碌，全然不顧是否有效率，那最後只能起到「事倍功半」的效果。

二、**並非只做好份內工作就行**。在很多職場女性的意識中，完成本職工作就是最大的敬業，對於同事的求助或公司其他的事完全不予理睬。這種人通常有一種妒忌和防範心理，不是一點都不肯多做，就是怕別人做好了把自己比下去。

實際上，對公司付出的多少絕不僅僅在於本職工作是否完成。如果希望得到老闆的賞識，就一定要把公司的事情當作自己的事情來做，唯有如此，才能讓老闆感覺到妳是眞的在爲公司盡力。

三、**並非拍好馬屁就行**。很多職場女性認爲不管工作做得再好，如果和上司的關係搞不好也是白費力氣。因此，她們非常致力於「討上司歡心」，沒事就往上司臉上貼金。

有的時候，這一招的確能哄得上司十分高興，但這只是一時的歡愉而已，很少有上司眞的爲了那點「追捧」而隨便提拔一個人。如果眞想往高處走，唯有實力才是王道。其他的事情當然也要做好，但都要建立在基礎工作做好的前提之上。

珍妮是個嘴很甜的女孩，在家裡和學校時，經常靠自己的小「蜜嘴」將家人、老師和同學哄得開心不已。到了職場之後，珍妮更是充分發揮了這一特點，不但在上司面前大拍馬屁，而且無論看見哪個同事都要讚美一番。珍妮想，這麼做總沒有壞處，把大家都哄開心了，自己的好日子也就不遠了。

然而，珍妮來公司已經兩年了，好幾個比她來得晚的員工都升職了，她還在老位置上待著。珍妮有些不理解，便偷偷向一個老員工請教：爲什麼看起來大家都很喜歡她，但升職的時候總是沒有她？老員工於心不忍，對她說了實話。

原來，就是因爲她太會「甜言蜜語」，讓人覺得她只會耍花招，而沒有將心思放在工作上。珍妮聽了，不禁後悔至極。

由此看來，基礎的工作要做，表面工夫也不能少，這樣才能保證職場之路暢通無阻。如果單做基礎工作或者只注重其他方面的努力，那麼最後的結果只能是失望。

小資女職場小心眼

每個人都希望在職場中取得長足的發展，但是要牢記那句話：「欲速則不達。」世間大凡成功的事情，都是經歷了一番曲折的。如果基礎還沒有打好，就一味爭取上進，那麼，最終的結果只能是搞砸。

第34忌

要錢不要命女版「拼命三郎」

「拼命三郎」這個詞總讓人產生一種十分忙碌、緊張且壓抑的感覺。在如今職場中，隨著女人擔任的責任越來越重大，很多女版「拼命三郎」冒了出來。她們有些是出於生計所迫，有些卻是因為天生逞強，一定要在工作上將自己弄得疲憊不堪方可。殊不知，身體是本錢，一個人可以什麼都沒有，但絕不可以沒有健康。可是很多女人卻沒有意識到這一點，她們只知道拼命工作，恨不得把一天當成兩天用。當她們因過度透支而導致身體有恙時，才會知道健康的重要性，可是，往往到那時為時已晚。所以，女人在工作之初就應該重視自己的健康。

贏了錢輸了命，聰明人別做糊塗帳

「健康是財富，錢買不到健康。」這話每個人都知道，但卻有很多人不放在心上，一面對工作時，就把這句話拋到了腦後。甚至體力天生不如男人的女性，很多也加入到了「拼命三郎」的行列，不惜以犧牲健康爲代價，換取職業上的成就。女性朋友要明白：錢是賺不完的，一生的健康才是最難得的。

金錢是隨著人類社會發展而產生的東西，它原本不屬於這個世界；生命是自然宇宙的奇蹟，是不可替代的存在，它凌駕於一切之上。金錢是有價值的，可以計量；生命是無價的，無法衡量。金錢生不帶來，死不帶去，只給人瞬間的滿足；而生命之於人是永恆的財富。

智玲是個撰稿人。由於行業的特殊性，她感覺晚上工作比白天的效率要高得多。於是，她調整了自己的作息，每天通宵工作，到早上六、七點才去睡覺。往往只睡到中午，就又爬起來工作。期間除了吃飯和上廁所外，幾乎不離開電腦前。她的合作編輯一方面佩服她的精力，另一方面也爲她的健康擔憂，有時會好心地勸她調整作息，她卻從來都不放在心上，說晚上比較安靜、也比較有靈感。久而久之，智玲就形成了日夜顚倒的生理時鐘。白天的睡眠品質是無法和晚上相比的，幾年之後，年近三十的智玲總感覺疲倦，且睡覺也不能解乏。智玲後悔了，難道眞是因爲太拼命，把自己的健康毀掉了？

金錢是必要的，但比金錢更重要的是健康。女人這一生要經歷生孩子的大考驗，沒有好的身體，將會導致一輩子的「病災」。因此，該放鬆的時候，就不要沉浸在工作中捨不得離開。錢是怎麼也賺不完的，但身體健康卻是不可以失去的珍寶。

金錢可以豐富生命，但買不了生命。而生命是人一生的儲蓄，它可以用來賺取金錢。對於家徒四壁、沒錢看病的人來說，金錢或許是一切；對於家財萬貫的人來說，金錢如糞土。可是生命呢？沒有了生命，我們什麼也不是。

總之一句話，金錢輕，生命重。

別讓亞健康和「猝勞死」盯上妳

「一個人什麼都可以沒有，但就是不能沒有錢；一個人可以什麼都有，但就是不能有病。」這幾句話告訴我們，金錢是人們一生孜孜以求的，而健康也是必不可少的。有了金錢和健康，我們才能活得更好。可是現實往往不那麼美好，有的人雖然擁有金錢，卻被疾病折磨得死去活來；有的人雖然很健康，卻窮得三餐不濟。

如果要在金錢和健康中做出選擇，寧願要健康而不要金錢。可是，這樣一個正常人都能做出的選擇，一些職場女性卻似乎不會選擇。否則，就不會有那麼多「拼命女郎」，就不會有那麼多在事業高峰期卻撒手人寰的「薄命紅顏」。

不少職場女性爲賺更多的錢，不惜超時加班地工作；因爲想賺更多的錢，便同時找幾份工作。等她們拿著厚厚的鈔票欣喜時，病魔已經無情地把魔爪伸向了她們。

阮婕在一家電臺當主播，是個典型的「拼命女郎」。她一天要播三檔節目，還包攬文案、策劃等工作。白天，阮婕盡情揮灑自己的聲音；晚上，便挑燈工作，寫文案、忙企劃。剛開始時，阮婕覺得這樣忙碌挺好，既可以磨鍊自己，還可以拿到更多的薪水。可是後來，阮婕漸漸發現自己力不從心，一到白天就想睡覺，一點激情都沒有。更重要的是，她寫出的東西再也沒有以前的靈性了，聲音有時也顯得沙啞。阮婕只好放棄了文案、策劃等工作，一心當起了女主播。可是，卻又讓電臺爲她加了一檔晚上的節目。爲了使自己的聲音更具磁力、情感更到位，阮婕總在休息時一遍又一遍地練習。終於，她的努力沒有白費，她被評爲電臺最受聽眾喜愛的女主播，還有很多聽眾寫信、寄禮物給她等。然而，就在她沉浸在成功的喜悅中時，命運突然給了她致命的一擊——她的嗓子由於過度消耗而得了腫瘤。如果割除腫瘤，便意味著她從此和女主播的工作說「拜拜」了；可是，不割除腫瘤又會危害到生命，阮婕痛苦萬分……

有一個職場恐怖辭彙叫「過勞死」，指的是由於工作量過大而突然死亡的一種現象。據調查，在日本等國家都存在不同程度的過勞死現象，尤在大城市的大企業中較多，其中女性的比例要高於男性。很多女人覺得這種情況離自己比較遙遠，即使存在也不會發生到自己身上。但其實，如果妳

過於放鬆自己的健康狀況，這種情況也許就有可能降臨在妳身上。那些遭遇不幸的人，其實都是因為防範心理太差，不相信這種事情會讓自己碰上。但最後真的倒在辦公桌前時，後悔也已經晚了。

「薪」女性要給自己做個健康計畫

女人拼命工作，大多是想賺更多的錢，讓自己生活得更好一些。但為了取得一個好的結果，並不等於要讓自己輸了健康。應該要為自己制訂一個健康計畫，在工作的同時兼顧健康，這樣的生活才能足夠好。女人在為「錢」程奔波勞累時，一定不要忘了停下來，經營一下自己的健康。

一、**睡個好覺**。睡眠對於女人的健康起著至關重要的作用，經常熬夜容易導致疲勞、記憶力下降、免疫力下調、皮膚粗糙、肥胖等，所以，女人必須要睡好覺。而合理、健康的睡眠時間，則為晚上十點至凌晨六點。在這八個小時之間，女人都應該保持「睡美人」的姿態。

二、**均衡飲食**。飲食對女人的健康也起著非常關鍵的作用。在每日三餐中，女人應該確保攝入三種營養物質：蛋白質，主要存在於雞蛋、豆製品以及各類海鮮中；脂肪酸，主要存在於堅果、大豆油、橄欖油中；碳水化合物，主要存在於穀物、水果、乳製品中。

在飲食方式方面，女人應該遵循少量多餐的原則，在三次正餐之間吃些水果、點心等，以使血糖保持平穩，也不至於饑餓。

至於三次正餐量的分配，則可因人而異，但一般爲：早餐佔整日的三十％，最好有牛奶、豆漿、蛋等食品；午餐佔四十％，宜食用一些肉類；晚餐佔三十％，宜清淡。

三、**適度運動**。運動對於維護和修復一個人的健康起著重要的作用。女人最理想的運動方式是每週進行三至七次的健身運動，每次運動的時間以三十分鐘至四十五分鐘之間爲宜。每次健身時，應既做有氧運動又做無氧運動，而且交替進行。有氧運動主要包括散步、跑步、打球、游泳、騎自行車、跳舞、跳繩等，無氧運動主要包括仰臥起坐、伏地挺身、舉重、跳高、跳遠等。

四、補充營養素。如今環境污染日益加劇，曾經被奉爲健康寶典的蔬菜、水果已承受到嚴重的毒素侵蝕。所以，女人應注意額外補充營養素，如礦物質、脂肪酸、複合維生素等，爲自己的健康加分。

小資女職場小心眼

工作和金錢，只不過是女人生命中的一部分而已，唯有健康才是女人一生都應注重的。所以，美容覺、健康操、合理飲食，一個都不可以少。

第35忌　沉不住氣　拿跳槽當兒戲

一輩子只談一次戀愛很難得，但更難得的是一輩子在同一個公司裡工作。跳槽或許是覺得自己適合更高的職位，或許是覺得興趣不在此處，又或許只是沉醉於這種「跳來跳去」的遊戲。

當妳初入職場時，就應該先問問自己：這是我想要的嗎？我想要的究竟是什麼？初入職場，為自己制訂一份職業規劃很重要，有助於給自己一個更明確的定位。身處職場，妳要記得，妳永遠不能保證下一份工作會比現在更好。很有可能在一次跳出去之後，不是「跳上」而是「跳下」，到時妳後悔都來不及。所以，如果妳還在執著於玩「跳槽」遊戲，總有一天，妳有可能會在跳出去時「摔傷」自己。

好高騖遠是職場女性的通病

好高騖遠的心理其實存在於每個人身上，只是程度不同。很多職場女性心中都有一個更高的職業標準，覺得自己能做得更好，或者應該擁有更好的工作環境和待遇。這種期望並不是錯的，每個人都有變得更優秀、過得更好的慾望；也只有有所求，才能有所努力、有所得。但是，有時，一些女性太過於高估了自己的能力，或者太善變，總是剛到一個地方不久，就想換一個更好的地方，這樣的做法就不值得學習了。一定要給自己一個明確的定位，找準自己的位置。

瑞秋在招募會上很輕鬆地被一家公司錄取。第一天報到時，瑞秋就跟經理要求：所做的工作要符合自己所學的專業，不擅長的工作不做。看著眼前這個驕傲的小女生，經理沒說什麼，直接安排她到企劃部實習，以後再視具體情況調整。可是，不明白經理苦心的瑞秋認爲，把自己安排到企劃部是漠視自己的才華，根本無法大展所長。於是，她便在企劃部混日子，不但不虛心向前輩學習，就連自己的本職工作都敷衍了事。終於，試用期結束的時候，瑞秋也被解雇了。

也許妳覺得在目前的職位上是大材小用，自己完全可以勝任更高職位的工作；也許妳覺得某項工作如果交給自己來做可以完成得更好；也許妳覺得現在的工作既不是興趣所在，薪資水準也達不到理想狀態，如果跳槽能夠更好的發展。這些想法不見得有錯，但是不要忘了，上司做的人事、工作安排，一定是經過了深思熟慮的。「一個蘿蔔一個坑」，既然讓妳做當前的工作，一定是認爲妳

適合。妳跳槽，找到更好更適合的工作，有這種可能；但也只是一種「可能」，並不是「一定」。假如妳跳槽之後，發現還不如妳辭掉的那份工作，好高騖遠成了「搬起石頭砸自己的腳」，妳該怎麼辦？後悔，有用嗎？回去，可能嗎？

所以，身處職場的妳，應該找到自己的「最佳位置」。這不一定是最高位置，但一定會是最適合妳的位置。如此，妳才能創造出自己的價值，把妳的才能充分展現在老闆面前，得到老闆的賞識與重用。

那山不一定比這山高

選擇是一件很重要的事情。很多時候，跳槽是爲了尋求一個更好的工作環境或者待遇。但實際上，看來很好的公司並不一定都適合自己。當妳眞正進入這個公司時，過了短暫的新鮮期，也會發現各式各樣的問題。比較一下，妳會發現這個公司並不一定比以前的公司好。如果妳的選擇出現了錯誤，所要付出的代價是青春歲月的荒廢，是能力的流失……由此，職業選擇以及職業規劃，不是人生當中某一時期的事情，而是一種長期的人生規劃，必須要愼重、再愼重。

男人選擇錯誤、事業失敗，可以有東山再起的機會，並且會以之前的失誤爲教訓，而變得更加成熟。但女人就不同了。女人的青春太過短暫，一旦錯過了就不會回來；而「過氣」的女人在找工作方面的壓力會更大。所以，女人更應該在初入職場時，就規劃好職業發展藍圖。

在制訂明確的職業規劃時，妳首先要瞭解自己的優缺點以及興趣傾向；然後是確定長期發展目標；之後是以確定的目標爲方向，制訂發展路線圖，並在每個路線圖上，制訂一個短期發展目標；最後，就是要沿著制訂的路線圖堅定不移地走下去。

沒有幾個人在開始就能找到讓自己滿意的工作：既符合自己的所學，又是興趣所在，還是理想中的職位。這種各方面都契合自己的工作很難一蹴而就，大多數人都是在不斷的摸索中，逐漸趨近理想的工作的。

現代社會講究「先就業，後擇業」，就是說妳在找工作的過程中，首先要降低自己的要求，在職場站穩腳跟才是上上之策。即使目前的工作不是妳的興趣所在，也達不到妳理想的高度，沒關係，妳只要在工作過程中，好好地利用公司這個免費的培訓基地，極盡所能地學習更多的知識，充實自己，提升自己，就能累積雄厚的資本，爲以後的擇業打下堅實的基礎。

就算「跳」，也要把握十足

跳槽不是兒戲，不能將其過於簡單化。最起碼，妳要對目標公司有一定程度的瞭解，並且將其與現在所在的公司進行比較，再和自身情況進行匹配。在一切都比較理想的情況下，才可以「棄舊

迎新」。切不可單以薪資待遇來衡量一個公司的好壞。不可否認，高薪是跳槽最大的誘惑，很多人盲目地追求高薪，而忘記了多進行一些思考——自己想要的究竟是什麼，應該怎樣去追求，應該怎麼跳才更合適……等等。

跳槽可謂是一場「陰謀政變」，在發動這場「政變」之前，妳難道不需要進行愼重而周全的思考嗎？要怎麼發動「政變」？假如「政變」失敗怎麼辦？妳有沒有爲自己留好退路？

于洋開始工作只有一年，但卻連跳了四次槽。第一個公司，于洋做的是銷售，每天主要的工作是接電話與客户洽談。做了沒多久，于洋就厭倦了，理由是很多來電話的顧客沒有素質，自己一個女孩子未免太受氣了。於是，于洋跳到一家家教公司做櫃檯。沒兩個月，于洋又辭職了。她覺得每天和孩子的家長打交道太痛苦，家長總是很挑剔，不管她怎樣做，都會有人挑毛病。第三家公司，于洋擔任客服人員。這份工作和第一個性質差不多，爲客户服務，難免要受很多不明不白的氣。于洋這才後悔，自己不該找和第一份類似的工作。目前，于洋在一家房地產公司做房屋租賃經紀人，可是她又嫌每天在外面跑太勞累，不適合女生做。就這樣，于洋像跳棋一樣跳來跳去，不但沒有找到合適的職業方向，還把自己的錢包也搭了進去——每個公司都沒有超過試用期就走了，收入一直很少。于洋苦悶了，爲什麼自己找不到好的工作呢？

妳爲什麼要跳槽？妳跳槽的目的是什麼？跳槽有必要嗎？妳憑什麼跳槽？什麼時候跳槽最合適？往哪裡跳最適合自己？採用什麼方法跳槽最簡便？妳在跳槽之前必須先弄清楚這些問題。如果妳無法回答，那只能說明妳的行動完全是衝動的、盲目的。這種盲目的行動，其結果是不可控制的，等於是把自己的前途完全交給了運氣。如果運氣好，就可能有意想不到的收穫；如果運氣不好，等待妳的就可能是連連厄運。

如果非跳不可，那就要爲跳槽做充足的準備：跳槽的理由，跳槽的時機，跳槽的目標。將所有問題都給出一個明確的答案，那麼，妳的計畫就不會停留在紙面上永遠得不到執行，妳也會爲自己爭來改變命運的機會。

小資女職場小心眼

工作講究踏踏實實。假如妳目前的工作不是妳的興趣所在，達不到妳理想的高度，妳完全可以將這段時間當作是學習、豐富的階段。如果跳槽十分必要，就應該在行動之前做足準備，才能一跳而準。

第36忌 總以前輩自居 不將新人放在眼裡

有句話叫做「多年媳婦熬成婆」，說的是女人在做媳婦時受婆婆「欺壓」、在家中苦熬多年後變成婆婆、可以開始「欺壓」新媳婦的現象。其實，這句話不只適用於婆媳關係，也可以用來形容職場。有些女人在職場奮鬥多年後，便開始飄飄然，以為取得了職場「真經」，對新人也十二分地瞧不起，覺得自己經驗豐富，他們無論如何超越不了自己。更有甚者，會對新人頤指氣使，毫不客氣。其實，學無止境，一個人不管工作了多少年，都應該保持不斷上進的心態，不斷為大腦注入新鮮的職場活水，只有這樣才能在職場立於不敗之地。否則，妳既容易被後人超過，也容易遭人暗算。

後浪推前浪，永遠不要小看新人

工作多年的妳，聽說某新來的「菜鳥」很有才能時，是不是會嗤之以鼻，打從心底輕視：「嘿嘿，能有多大能力？剛從學校出來就敢大放厥詞，眞是自不量力！」是啊，在職場前輩們的眼裡，「菜鳥」就是「菜鳥」，即使很有能力，也難以和他們多年的工作經驗相提並論。

而事實上，一些剛進入職場的人雖然一臉稚氣，其實卻可能身懷「絕技」，能力驚人。他們雖然沒有什麼工作經驗，但或許在學校時就已經開始接觸社會，並學到了很多；又或許，他們就是悟性高，學習能力強。總之，不管怎麼說，很多職場「菜鳥」都是潛在的職場高手，是職場「元老」們不可小覷的對手。

依晨工作近十年了，先後在三家圖書公司做過外文編輯，如今已是一家外文圖書公司的主編，是公司的台柱。主編一職是她多年來追求的夢想，如今夢想實現了，依晨的心便也寬了許多，從前早出晚歸的她現在變成晚出晚歸了。工作時，她似乎總是閒著，只知道把任務交給下屬，等著下屬把完成的任務交給她。如果收到的成果不令她滿意，她便會說：「眞不知道你是怎麼想的，怎麼會這麼笨呢？」她似乎忘了自己也是在慢慢摸索中成長起來的。

最近，依晨聽說公司來了一位天才，名叫嚴磊，在大學三年級時考上了託福，但因經濟條件而放棄了出國，而且還拿過英語專業演講比賽二等獎、口語翻譯總決賽第一名等獎項。依晨聽了沒當

回事，心想：「說不定都是他自己吹噓的。」可是令依晨驚訝的是，嚴磊居然在一週內完成了其他員工一個月的翻譯任務，而且翻譯得特別到位，依晨以雞蛋裡挑骨頭的方式都沒能找出錯誤來。此後，嚴磊越來越得到大家的認可、公司的重用，而依晨的地位則在日益動搖……

依晨的老人姿態、領導架子，讓自己最後吃了虧。其實，案例中的依晨還是比較幸運的，因爲她碰到的「後來居上」者是一位男士。如果是一位小心眼的女生，那麼依晨的後果就可想而知了。

風水輪流轉，誰也不能保證明天

「十年河東、十年河西」，這句話簡單卻蘊含無限道理。要想永保「平安」，就要寬以待人。即使妳已經身居高位，也一定要對下屬或新人客氣、寬厚。否則，當妳有一天眞的被取代時，就只能叫苦不迭了。

女人一定要牢記，職場如戰場，到處都是暗箭，令人防不勝防。如果妳總以爲自己已經修練多年，不用再練兵，那麼就容易遭受他人的暗算。妳在明處，別人在暗處；妳高枕無憂地「睡大覺」，別人卻時刻保持高度的警惕；妳坐吃山空，別人卻在起早貪黑地「磨刀霍霍」。妳遇到這樣的對手，怎麼可能不輸得一敗塗地呢？

阿蓮在一家化妝品公司做了六年，已從當年的促銷員升爲部門經理了。阿蓮認爲，一個女人混到這個層級也該安心享受了，所以便不再努力工作，每天只知道替自己美容。可是，正當她享受幸福時，有人卻在背後給了她一刀。原來，她的一位下屬明明早就看不慣她，所以一直在努力提高自己的業務能力，暗暗和她較著勁。等明明覺得差不多可以打倒阿蓮時，便一封E-mail把阿蓮的種種表現彙報了上去。一個月後，阿蓮部門經理的職位就被明明給取代了。

明明雖然有些不厚道，但也反映了職場的殘酷：職場就是沒有硝煙的戰場，不是妳強，就是他狠，坐吃山空者終究會被別人取代；有些人還會在超越妳的時候，將妳踩在腳下，或者給妳一刀。因此，女性朋友一定要有自我保護的意識，千萬不要與人結仇，無論手中有什麼職權。

提升自己，防止坐吃山空

每一種產品都有屬於自己的position（定位），有屬於自己的消費市場和消費人群；一個產品能否成功被銷售，跟它的position設置得是否恰當大有關係。在職場中也一樣，有屬於自己的position，如果沒有找到準確的position，縱然成功了，也很可能會回到原點。

那麼，該如何找到準確的定位呢？這就需要先客觀地觀察自己、審視自己，然後把目光移向周遭的環境，範圍由小到大，逐步確定自己的位置。如果妳在公司眞的是高人一等，那麼請把目光移向其他同類的公司；如果還有才能在妳之上的人，那麼請虛心學習；如果沒有發現對手，那麼就保

持警惕。因爲危機隨時都可能到來，妳的地位隨時都可能被「人才地震」給震盪。

坐吃山空是可怕的，一旦覺得自己到達了一定的高度，開始放鬆警惕時，新來的員工隨時可能頂替妳的位置。不要覺得這是兒戲，也不要覺得這是個漫長的過程。對於一個公司來說，最需要的就是新鮮的血液，也就是創新和奮進的精神。當新人身上展現出不斷學習進取的優勢時，老員工的劣勢就會暴露出來。而這時，只要公司有好的機遇，新人又稍加累積經驗，很快就會後來者居上。

周睿今年三十三歲，在一家公司做人事主管。在三十一歲以前，周睿非常努力，個人能力在工作中不斷得到提升和顯現。因此，周睿得以一路晉升，從一個行政部的小職員晉升到人事部門的主管。一年前，周睿當了媽媽。休完產假之後的她明顯變了一個人，臉上洋溢著初爲人母的幸福，整個重心都放在孩子身上，工作遠不如以前努力了。

周睿的變化跟家庭成員的增加、個人心態的轉變不無關係，雖然可以理解，但老闆看在眼裡還是有些不滿。沒多久，一個剛大學畢業的新人進入了公司，被安排在了周睿手下。這個新人十分機靈、努力，工作很用心，只要遇到不明白的事情就追著周睿問，直到理解透澈爲止。面對新人的努力，周睿有過擔憂。但她轉念一想，自己在公司已經待了將近七年，難道還會被一個剛畢業的新人擠走嗎？於是，周睿依然「高枕無憂」，每日盼著下班回家帶孩子。就這樣平穩地過了一年半，突然有一天，周睿被一紙職位調動書調到了一個無關緊要的位置上，而那個曾經的新人坐上了人事主管的寶座。

在職場中縱橫多年的妳，一定要有一個準確的定位，以便更好地認識自己，進而把握自己。千萬不要以爲有豐富的經驗和高職位就達到了成功的頂峰，否則，水滿則溢，月盈則虧，妳會輸得很慘。

小資女職場小心眼

從妳踏入職場的那一刻起，便開始了一生的角逐。在職場中，要想立於不敗之地，妳就必須永遠向前，而不要以為自己已經做到最好。要知道世界上沒有最好，只有更好。

女人定位要趁早

這些人生規劃等妳三十歲以後才做太晚了！

美國著名的歌手 Sophie Tucker 曾說過：「女人從出生到十八歲，需要好的家庭；十八到三十五歲，需要好的容貌；三十五到五十五歲，需要好的個性；五十五歲以後，需要好多鈔票。」這其中，除了「好的家庭」妳不能左右之外，其他都是可以實現的。只要妳清楚地瞭解自己，認真規劃，理性選擇，就能準確定位，成就完美的人生。

女人定位要趁早

廖唯真 著　定價：260 元

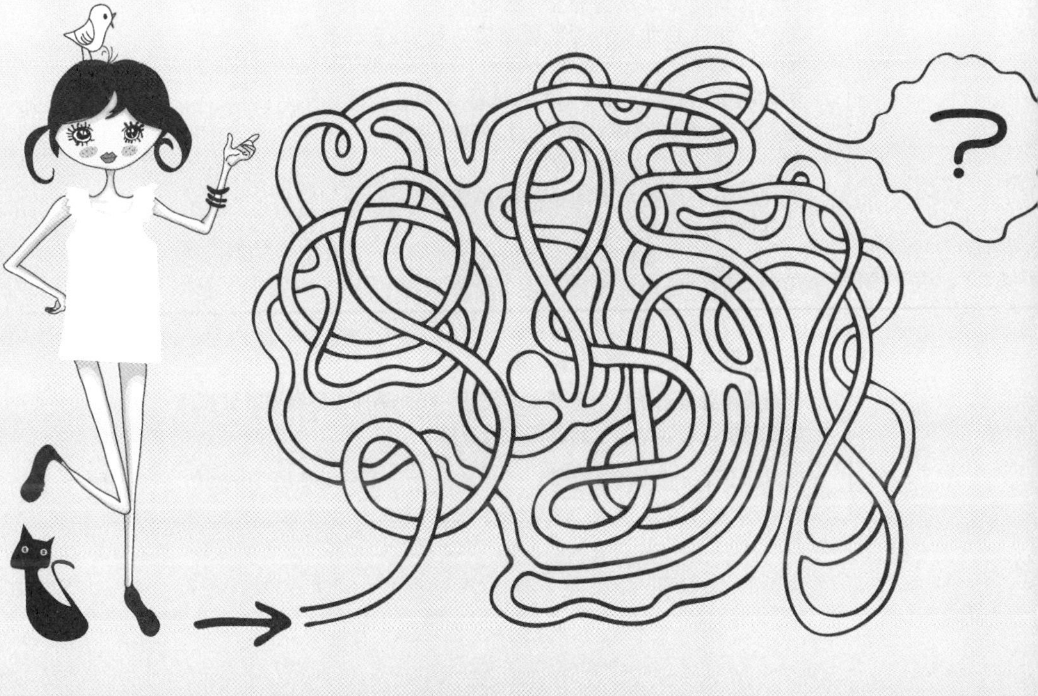

國家圖書館出版品預行編目資料

不是教女壞一小資女職場36忌／廖唯真著.
——第一版——臺北市：宇河文化出版；
紅螞蟻圖書發行，2012.3
面　公分——(Wisdom books；4)
ISBN 978-957-659-887-6（平裝）

1.職場成功法 2.職業婦女

494.35　　101002597

Wisdom books 04

不是教女壞一小資女職場36忌

作　　者／廖唯真
責任編輯／樸鳶兒
美術構成／引子設計
校　　對／賴依蓮、楊安妮、周英嬌
發 行 人／賴秀珍
榮譽總監／張錦基
總 編 輯／何南輝
出　　版／宇河文化出版有限公司
發　　行／紅螞蟻圖書有限公司
地　　址／台北市內湖區舊宗路二段121巷28號4F
網　　站／www.e-redant.com
郵撥帳號／1604621-1　紅螞蟻圖書有限公司
電　　話／(02)2795-3656（代表號）
傳　　真／(02)2795-4100
登 記 證／局版北市業字第1446號
法律顧問／許晏賓律師
印 刷 廠／卡樂彩色製版印刷有限公司
出版日期／2012年 3 月　第一版第一刷

定價 260 元　港幣 87 元

敬請尊重智慧財產權，未經本社同意，請勿翻印，轉載或部分節錄。
如有破損或裝訂錯誤，請寄回本社更換。

ISBN 978-957-659-887-6　　Printed in Taiwan